画笔下的城市

全球 26 位艺术家的城市手绘

度本图书（Dopress Books）编著

U0271551

人 民 邮 电 出 版 社

北 京

OOSTENRYK NA VENICE

ons het laterig in venice aangekom
en was nie die aand wel in die
dorpie self nie en het ons in
'n kamp terrein net buite die
geldy. tolterdie kamp terrein is
egter in 'n swamp wat veroorsaak
het dat ons lewendig deur die
muskiete opgevreet is dit het gelyk
asof ons milaars. was en om die
te kroon moes ek in die kombuis
gaan tamaties sny in die hitte
in die tent ek hoop die mense
het die vrot slaai geniet.

CITIES
IN MY EYES

The Art of
Urban Sketching

FOREWORD
前　　言

在艺术家的眼中，每个城市都有其独特的风土人情和艺术风貌。他们使用铅笔、水彩等工具和材料创作出不同风格的速写作品。他们将所居住和去过的城市中最美好的景象在纸上呈现出来，使大家情不自禁地沉浸在他们的旅途之中。本书收录了来自世界各地多位艺术家的速写作品，其中描绘了不同城市的建筑和景观，让大家在体验不同地方的文化和迷人景色之余，更能欣赏到这些艺术家所捕捉到的精彩瞬间。

CONTENTS
目　　　　录

TRAVELLING AND SKETCHING IS MY WAY OF LIVING.

旅行和手绘已成了我的生活方式。

您在绘画时通常使用哪些工具和材料？

这些年来，我尝试使用了不同的产品，最终发现Rembrandt水彩和Talens画笔是最好用的。我会尽全力在世界各地搜寻这些东西，当然互联网为我找到它们提供了很大的帮助。

您眼中的城市是什么样子的？

我最喜爱的雅典是世界上最古老的城市之一，这里保留着古罗马及拜占庭时期的古迹。当然，这里的现代建筑也非常有趣，它们大多矗立在城市中心区。狭窄的小巷往往能给人带来很大的惊喜，帕台农神庙周围也隐藏着无尽的美感，沉淀在日常生活中的历史气息随处可见。

艺术家：玛莎·艾坡斯托里都
（Martha Apostolidou）

玛莎出生在希腊，在那里学习教育学和应用艺术。自2013年起，她一直居住在土耳其伊斯坦布尔。如今，她从事教育工作，同时也为儿童书籍绘制插画。她喜欢画画和摄影，多次举办展览。2011年，她成为"城市达人"的一员，并将旅行和手绘作为自己的生活方式。

摄影：玛莎·艾坡斯托里都

作品：伊斯坦布尔 / **地点：**土耳其伊斯坦布尔 / **创作时长：**1.25小时 / **规格：**
26×21厘米 / **工具&材料：**铅笔、水彩、黑色钢笔

让人惊奇的是，每天都有那么多的人在这个独特的城市内活动——街道和市场
没有一刻的清闲时光。手绘者喜欢这种欢乐幸福的氛围，她会在海边找到一个
地方开始创作。在创作这幅作品的时候，来往的行人络绎不绝。

TIPS

"最初，我迅速地用简单的线条描绘整个场景，
然后添加细节和人物，最后逐层用水彩上色并添
加阴影部分。"

——玛莎·艾坡斯托里都

作品： 埃克斯 / **地点：** 法国埃克斯 / **创作时长：** 1.5小时 / **规格：** 21×26厘米 / **工具&材料：** 铅笔、水彩、黑色钢笔

圣奥古斯丁广场是风景如画的埃克斯小镇的中心。人们围绕着小小的喷泉散步，或是享受安静的时光，或是喝杯咖啡，或是享受美食。手绘者描绘广场的场景旨在展现喷泉在小镇生活中的重要地位。

TIPS

"恬静的清晨和休闲的氛围深深地影响着我画画的节奏。我一步一步地用铅笔绘制线条，然后添加上普罗旺斯特有的色彩。我非常乐于运用水彩绘制这里的暖色调。"

——玛莎·艾坡斯托里都

作品： 赞西佩古镇 / **地点：** 希腊赞西佩 / **创作时长：** 2小时 / **规格：** 21×51厘米 / **工具&材料：** 铅笔、水彩、黑色钢笔

赞西佩以古老的建筑和舒适安逸的生活而著称。手绘者坐在老房子的台阶上，努力地描绘着小巷呈现的简约美感——一对手挽着手走过的年轻夫妇，他们使这个阳光明媚的午后显得更加宁静。

TIPS

"晴朗而明媚的天气让我尽量减少色彩的运用，大面积的白色让这些老房子自己去讲述属于它们的故事。少量的基础线条是必不可少的，它们有助于呈现这一时刻的宁静和舒适。"

——玛莎·艾坡斯托里都

作品： 普罗旺斯画廊 / **地点：** 法国普罗旺斯 / **创作时长：** 2.5小时 / **规格：** 21×26厘米 / **工具&材料：** 铅笔、水彩、黑色钢笔

普罗旺斯处处充满美的事物，所有的房屋和咖啡厅的细节都处理得恰到好处。这家画廊位于索尔特小村附近，它完美地呈现了这里有秩序的美感和独特的氛围。手绘者坐在附近进行创作，四周的植物和自行车都成了装饰。

TIPS

"我几次改变地点，旨在寻找能够体现画廊特有的美感和细节的最佳地点。三原色和其他色彩的结合使用达到了我希望呈现的效果。"

——玛莎·艾坡斯托里都

作品： 普拉卡老城 / **地点：** 希腊雅典 / **创作时长：** 2.5小时 / **规格：** 21×51厘米 / **工具&材料：** 铅笔、水彩、黑色钢笔

在普拉卡老城的街道上，小猫随处可见，来往的行人却很少，这里是描绘老城风格住宅的绝佳地点。爵士乐从敞开的窗口飘出来，成为手绘者创作的灵感。特色风格的门、窗和露台都格外引人注目，这些独特的房屋也构成了老城的标志。

TIPS

"我描绘了一所老屋并使其成为整个画面的核心，不加任何背景。我希望借此呈现出雅典古城内老屋特有的、占有主导地位的美感。"

——玛莎·艾坡斯托里都

Martha.
galata.
istabul.
2012

作品：加拉塔之景 / **地点：**土耳其伊斯坦布尔 / **创作时长：**2小时 / **规格：**26×21厘米 / **工具&材料：**铅笔、水彩、黑色钢笔

从加拉塔顶俯瞰，可以欣赏到美得令人窒息的伊斯坦布尔。美丽的城市，鸣叫的海鸥，坐在屋顶上的懒猫，这里囊括了加拉塔桥沿路的一切风景，让人无法拒绝。手绘者试图用铅笔和水彩将其描绘出来。

TIPS

"迷宫般的屋顶创造了一个童话场景，这太漂亮了！我试图描绘一条能够穿越所有屋顶并一直通向加拉塔的小路。"

——玛莎·艾坡斯托里都

作品：看得见风景的房间 / **地点：**意大利佛罗伦萨 / **创作时长：**1.25小时 / **规格：**26×21厘米 / **工具&材料：**铅笔、水彩、黑色钢笔

从桥边看着佛罗伦萨，小溪在眼前缓缓流淌，这样的场景让手绘者不禁想到了爱德华·摩根·福斯特（Edward Morgan Forster）的作品《看得见风景的房间》，于是她开始进行创作。

TIPS

"我专注于描绘佛罗伦萨浓烈而朴实的色彩。小屋之间紧紧依偎，营造出了一幅彩色的画面，这正是我想要展现的内容。色彩和一些方形图案的运用构成了这幅作品的特色。"

——玛莎·艾坡斯托里都

作品：Thiseio住区 / **地点：**雅典Thiseio住区 / **创作时长：**1.5小时 / **规格：**21×26厘米 / **工具&材料：**铅笔、水彩、黑色钢笔

Thiseio住区是雅典一个非常知名而且趣味性十足的地方——新古典建筑风格的建筑彰显了这里的独特，鸽子或是飞来飞去，或是在屋顶上小憩。手绘者在一座建筑和这些小鸟的前面完成了这幅作品。

TIPS

"在Thiseio，每个建筑都别具特色，似乎以一种特有的高贵和典雅承载着某个历史时期的秘密。这幅作品使用了少量的色彩，淡淡的蓝色将建筑和天空关联起来，使其看起来像是在空中飞翔。"

——玛莎·艾坡斯托里都

IT IS BETTER TO BEGIN WITH BASE LINES FOR THE PERSPECTIVE, BECAUSE HOUSES HAVE QUITE A DIFFERENT SETTING-UP.

描绘房子透视图最好从基线开始，
因为它们具有独特的构图特征。

艺术家：克劳德·赫森特（Claude Hercent）

克劳德来自法国勒芒，是一名完全自学成才的画家。该城市
著名的"24小时耐力赛"激起了他对汽车的热爱。自童年时
期起，他就开始描绘不同类型的赛车，并对怀旧金曲情有独
钟。随后，他进入建筑学校学习，这也让他开始更多地从专
业角度来了解城市的景象。两年前，他加入了"城市达人"
和"法国城市达人"团体。

您在绘画时通常使用哪些工具和材料？

我常用马克笔，尤其喜欢笔芯较细的笔（如笔芯为0.1毫米和0.05毫米）。另
外，我还使用带有贮液器（容积大一点的）的画笔，这样就不用浪费时间去
蘸湿笔尖了。彩色铅笔可以在画面变干时强调线条；白色Posca马克笔（一
种丙烯酸马克笔）遮盖性很强，可以在被颜料遮盖的区域重新描绘白色，同
时能够为画面添加高光。

您眼中的城市是什么样子的？

利穆赞拥有绿色的风景，这里的建筑也十分多样，其中更保存着非常古老的建
筑。大多数房屋是采用镀金花岗岩建成的，当然我最钟爱的还是那些半木结构
的老房子。

摄影：克劳德·赫森特

作品：蒙塔勒贝特和F.佩恩街角 / **地点：**法国勒芒 / **创作时长：**1小时 / **规格：**15×21厘米 / **工具&材料：**细马克笔、水彩、纸

这幅作品是在阳台上创作的，手绘者想要还原不同规模的房子之间的差异及不同的建筑结构。

TIPS

"描绘房子透视图最好从基线开始，因为它们具有独特的构图特征。（而我却没有这么做！）"

——克劳德·赫森特

作品：勒芒利摩日火车站 / **地点：**法国勒芒 / **创作时长：**40分钟 / **规格：**15×21厘米 / **工具&材料：**细马克笔、水彩、纸

利摩日火车站的特点是横跨道路而建。钟楼四面均带有时钟，便于在远处观看。屋顶全部以铜制成，呈现出独特的颜色。手绘者因其均衡的架构和完美的形式而对其情有独钟。这幅作品是他坐在附近公园内的一个长凳上创作的。

TIPS

"我使用了明亮的色调，旨在突出石头和铜屋顶之间的强烈对比。"

——克劳德·赫森特

un clocheton de la mairie

Eglise Saint Michel des Lions

Eglise Saint Pierre

作品：勒芒全景 / **地点：**法国勒芒 / **创作时长：**1小时 / **规格：**15×21厘米 / **工具&材料：**细马克笔、水彩、纸

这幅作品描绘了维埃纳河上城市南部的景象。新老建筑的交替以及瓷砖屋顶和板岩屋顶的更迭别具吸引力，同时呈现了这座城市的建筑特色。

TIPS

"为了营造全景，我采用横向构图，并以三个古迹建筑作为分割画面的标记，然后绘制不同的建筑，画面的底部以屋顶作为前景。"

——克劳德·赫森特

作品：l'Irlandais酒馆 / **地点：**法国勒芒 / **创作时长：**35分钟 / **规格：**21×15厘米 / **工具&材料：**细马克笔、水彩

这个令人喜欢的小酒馆位于勒芒老城区，这里多是半木结构的住宅。手绘者被这里的氛围深深吸引，希望能够在纸上呈现自己对这里的感情。

TIPS

"我使用明亮的色彩描绘石头立面，用于突出大门和标牌。另外，我还扩大了标牌的规格，以便使其在画面上更加清楚。"

——克劳德·赫森特

作品：卢瓦河城堡上的索米尔风光 / **地点**：法国索米尔 / **创作时长**：1小时 / **规格**：21×29.7厘米 / **工具&材料**：细马克笔、水彩、纸

手绘者在等待参观私人展览时发现了这一迷人的景色。好天气为这幅作品贡献了很大的力量。

TIPS

"我开始描绘卢瓦河。我选择了俯瞰的视角，然后开始右侧部分的创作。左侧部分从底部开始，然后进行修饰，增添河流和桥梁。最后，我加深了阴影部分。"

——克劳德·赫森特

作品：圣乔治德蒂海滨小镇 / **地点**：法国圣乔治蒂 / **创作时长**：40分钟 / **规格**：15×21厘米 / **工具&材料**：细马克笔、水彩、纸

这是大西洋海滨的一个小镇，也是手绘者非常喜欢的地方，他几乎将所有的度假时光都花在了这里。倾斜的街道一直延伸到海边，构成了一处美丽的景色，其右后方矗立着教堂的钟楼。

TIPS

"描绘这条小路最难的部分在于斜坡：街道的底部稍微倾斜，从而营造出下坡的感觉。"

——克劳德·赫森特

DAN STRANGE'S WORK DRAWS ON THEMES OF DISCONTINUITY AND ANTAGONISM.

丹·斯特兰奇的作品以非连续性和对立性为主题。

艺术家：**丹·斯特兰奇**（Dan Strange）

丹·斯特兰奇多年来一直从事业职业画家的工作，其作品与美术印刷、雕塑等多个领域结合。他对社会学和政治学颇感兴趣，而其创作也深受这些方面的影响。同时，他从城市结构的非连续性和对立性主题中获取灵感。他学习过英国文学，随后在剑桥大学格顿学院学习艺术史，并于2011年毕业。他的艺术创作源自对政治学和教育学的浓厚兴趣。

您在绘画时通常使用哪些工具和材料？

我通常都是现场即兴创作的，因此使用的工具非常有限，主要是A4速写本和圆珠笔。我经常坐下来速写，较低的视角增添了画面的趣味性。

您眼中的城市是什么样子的？

伦敦是一个在建筑方面充满冲突的城市——格鲁吉亚和维多利亚时代风格的建筑与前卫的玻璃塔并肩而立。风格是不连续的，这同样也体现在社会历史方面——在伦敦，曾经贫穷与富有共存，最后贫穷被富有取代，这种变化是显而易见的。

摄影：丹·斯特兰奇

作品：柏罗高街街景 / **地点：**英国伦敦 / **创作时长：**45分钟 / **规格：**8×12厘米 / **工具&材料：**圆珠笔、彩色画笔、黑墨水

在作品完成的时候，柏罗高街依然在不断的变化中——伦敦桥火车站的基础设施在修建，而伦敦最高的摩天大楼——碎片大厦也即将在数月之后完工。这幅作品旨在传达像伦敦这样的历史古城在不断发展的过程中的特征。位于画面右侧的碎片大厦和幸存的维多利亚风格建筑与周围布满起重机的施工现场比起来真是相形见绌。

TIPS

"我被正在施工的一片混乱景象所震撼，花费了大量的时间思考如何将其描绘出来。最终，我决定进行留白处理。"

——丹·斯特兰奇

作品：佩卡姆区（Divine金融服务区）／ **地点**：英国伦敦／ **创作时长**：4小时／ **规格**：10×14厘米／ **工具&材料**：圆珠笔、黑墨水

佩卡姆区在英国人的记忆中占据着特殊的地位——它是英国最受欢迎的经典喜剧《只有傻瓜和马》（呈现了20世纪70~80年代白人工人阶级家庭的生活）的故乡，也与以非洲黑人为主的多民族聚集区相邻。如今，这里成为英国较受欢迎的区域之一。佩卡姆带有浓郁的历史特色，并面临着被中产阶级化的不确定性。

作品：Platinum Lace小城／ **地点**：英国莱斯特／ **创作时长**：3小时／ **规格**：8×12厘米／ **工具&材料**：圆珠笔、黑墨水

这幅早期的作品描绘了手绘者家乡中最不受欢迎的一部分——位于停车场、绅士俱乐部、迪斯科舞厅和公共汽车站之间的区域。画面展现了沿街后退的视野，其灵感来自画家林德·沃德（Lynd Ward）和印象主义、写实主义画家古塔斯夫·卡耶博特（Gustave Caillebotte）。

TIPS

"这幅作品最大的亮点便是大量的店面和标牌。仅仅是店面部分都可以单独成为一幅新的作品。"

——丹·斯特兰奇

TIPS

"如果你在街道上创作，那么阴影就是最好的伙伴。记住，千万不要在中午的时候去画。"

——丹·斯特兰奇

作品：德福街／**地点：**英国伦敦／**创作时长：**3小时／**规格：**8×12厘米／**工具&材料：**圆珠笔、黑墨水

德福街是当地生活区的中心，布满了独立的杂货店、清真肉店和鱼店。手绘者呈现了这一令人骄傲的区域和汇丰银行之间间接而内在的联系，并将银行的标语清晰地呈现——"世界级的本土银行"。

TIPS

"人物面孔的创作是整幅作品中最令人享受的部分。观察来往的行人，并直接进行描绘，这是不小的挑战。"

——丹·斯特兰奇

作品：迈尔安德区街景／**地点：**英国伦敦／**创作时长：**5小时／**规格：**8×10厘米／**工具&材料：**圆珠笔、彩色画笔、黑墨水

有环境中的冲突感和变化的对立感正是选择这幅作品场景的灵感来源。在这里，建筑立面被一栋早期的建筑切断，这便是建筑师规划中的弱点，也是历史中的缺陷。另外，这幅作品也体现了对既有环境的功能的兴趣——大型乐购连锁超市和体育用品直营店直面罕见的、被存留下来的历史错误——一个名为"Billy Bunter"的木结构咖啡屋，尽管它宣称全天候开放，但其实已经关门大吉了。

作品：德福市政厅／**地点：**英国伦敦／**创作时长：**3.5小时／**规格：**8×12厘米／**工具&材料：**圆珠笔、黑墨水

这幅作品以宏伟的维多利亚风格市政厅和伦敦街头的混乱景象为主题，旨在诠释多种风格构成的城市结构，充满着不和谐的存在。变化的对立感通过拥挤的马路和嘈杂的街道环境呈现，而这些路牌、限速牌、提示牌则时刻提醒着人们被淹没在无尽的标牌和信息之中。

TIPS

"寻找不断变化的连续冲突（大规模的店面）是这幅作品的起点。通常，你去的地方很难达到理想效果。"

——丹·斯特兰奇

TIPS

"作为一名街道速写者，必须享受和他人的对话。也许，他们会觉得你疯了才会画这些东西，但是他们永远不会厌烦多看一遍。"

——丹·斯特兰奇

作品：赫尔市区／**地点：**英国赫尔／**创作时长：**1小时／**规格：**8×12厘米／**工具&材料：**圆珠笔、铅笔

这幅速写作品是手绘者在一次去英国北部城市赫尔旅行时创作的，采用圆珠笔绘制，笔触较轻，旨在迅速描绘出当时的场景，并格外注重细节，如摄像头、空调、室外咖啡伞亭和购物中心标牌。描绘这些平常的细节是手绘者工作的一部分，他试图将注意力从单纯的美丽场景（通过形状和材料呈现）转移到城市环境的"唯物主义"概念中。

TIPS

"描绘不同的风格非常重要，这样能够保证你的绘画技巧不断进步。"

——丹·斯特兰奇

作品：刘易舍姆文艺复兴区／**地点：**英国伦敦／**创作时长：**1小时／**规格：**8×12厘米／**工具&材料：**圆珠笔

随时捕捉新的发展动态，展现其全新的形态和固有城市生活的对立面，如高铁桥、关门的商店和无处不在的乐购超市。

TIPS

"列出一系列的地方和你的想法非常重要，我通常在创作中卡壳，但没关系，列出一个清单会有很大帮助。"

——丹·斯特兰奇

作品：波士顿公园 / **地点：**美国波士顿 / **创作时长：**2小时 / **规格：**8×12厘米 / **工具&材料：**圆珠笔、马克笔

这幅描绘波士顿的作品旨在呈现历史中的城市结构，一个充斥着各种建筑风格和社会功能的环境。

TIPS

"画满整个画面并不一定能达到好的效果，但可以根据创作的进程而选择。"

——丹·斯特兰奇

作品：莱斯特火车站 / **地点：**英国莱斯特 / **创作时长：**3小时 / **规格：**8×12厘米 / **工具&材料：**圆珠笔、马克笔

在这幅作品中，手绘者通过标识探索城市传递了一种将日常生活中无关紧要的信息过滤出去而获得的非凡体验。手绘者在创作过程中并没有描绘路人，而是通过众多的信息和标牌体现城市生活。

TIPS

"描绘标识充满乐趣，充分展现了我们应该如何过滤信息。"

——丹·斯特兰奇

PROPORTIONS, DISTANCES AND KNOWLEDGE OF HUMAN FIGURE IS ESSENTIAL!

对人物形象的比例、距离以及了解
是必不可少的！

您在绘画时通常使用哪些工具和材料？

在描绘那些遗产建筑时，我通常会携带一把椅子并坐上几个小时。同时，也会带一两张散页水彩纸和一支细尖黑色钢笔。最后，我会在工作室里为线稿添加水彩。

您眼中的城市是什么样子的？

圣地亚哥是一个绿色的城市，坐落在山谷内，周围高山环绕，有小河穿梭而过。遗产建筑主要坐落在城区，以西班牙殖民时期的风格为主，并深受法式风格影响，与其并存的摩天大楼充满了现代气息。

艺术家：埃里卡·布兰德纳（Erika Brandner）

埃里卡·布兰德纳是一名来自智利的艺术家，目前依然在那里生活和居住。她毕业于太平洋大学平面设计专业，一直从事设计和插画创作。自2007年起专注于艺术和城市速写。作为"城市速写达人"的成员以及智利分部的创始人，她一直同致力于关注文化、社会、政府及区域遗产的机构合作。她经常骑着自行车环城游览，寻找具有代表性和传统特色的地方，然后她会就地取材，现场创作，真实地描绘出她看到的一切，用水彩呈现出她的理念和感受。人们经常说是她帮助大家真正地认识了每个城市。

摄影：埃里卡·布兰德纳

作品： 贝里之家酒店 / **地点：** 智利圣地亚哥 / **创作时长：** 4小时 / **规格：** 35×50厘米 / **工具&材料：** 钢笔（永久染色墨水）、水彩、水彩画纸

贝里之家酒店位于拉斯塔里亚度假区穆拉托·吉尔广场前。作为圣地亚哥几十年的辉煌所在，这家迷人的酒店呈现出兼收并蓄的风格，体现了世纪之交的时代特色。

TIPS

"在夕阳西下的时候，建筑的色彩开始渐渐发生变化。酒店呈现天然的白色，但在灯光的映射下则增添了更多的色彩，黄色、粉色……我使用水彩来呈现这一效果。"

——埃里卡·布兰德纳

作品： 穆拉托·吉尔广场 / **地点：** 智利圣地亚哥 / **创作时长：** 6小时 / **规格：** 35×50厘米 / **工具&材料：** 钢笔（永久染色墨水）、水彩、水彩画纸

穆拉托·吉尔广场是拉斯塔里亚街区的标志，也曾是秘鲁肖像画家胡赛·吉尔·德卡斯特罗（José Gil de Castro，1800年来到智利）的住所和工作室所在地。大量的老房子围绕着一个庭院广场，如今多数被改造成了博物馆、咖啡馆和小餐馆。

TIPS

"我觉得色彩是非常重要的，这幅作品运用了少量的褐色水彩创作。我先绘制了大概轮廓，然后用水彩上色。"

——埃里卡·布兰德纳

作品：圣地亚哥美术馆 / **地点：**智利圣地亚哥 / **创作时长：**8小时 / **规格：**35×50厘米 / **工具&材料：**钢笔（永久染色墨水）、水彩、水彩画纸

美术馆位于圣地亚哥森林公园内，在20世纪早期已被作为智利举办百年庆祝活动的场所。建筑以新古典主义和新艺术运动风格为主，其独特之处在于圆形的穹顶（由生产马波桥火车站屋顶的同一家比利时公司提供）。

TIPS

"这幅作品最难的部分即构图：大规模的建筑布满整个画面，看起来似乎有一些拥挤。为了缓解这种情况，我在前景中增添了一些具有趣味性的元素——将室外的人全部描绘出来。"

——埃里卡·布兰德纳

TIPS

"这幅作品的难点在于在熙攘的人群和游客中捕捉建筑原有的威严感,涉及人物描绘和城市速写的内容。其中,最难的部分在于捕捉行走中的人物形象,并根据不同的距离构建适当的比例。我觉得对人物形象的比例、距离以及了解是必不可少的。"
——埃里卡·布兰德纳

作品:圣地亚哥中央市场 / **地点:**智利圣地亚哥 / **创作时长:**6小时 / **规格:**35×50厘米 / **工具&材料:**钢笔(永久染色墨水)、水彩、水彩画纸

这幅水彩作品是在圣地亚哥中央市场创作的。路过的行人和旅行者都非常喜欢这栋建筑,而热情的摊贩们可以为这些人提供各种食物。古老的西班牙歌手让这里充满了回忆,同时也让夜晚变得热闹起来。

TIPS

"在创作这样一幅体现建筑形式的作品时,绘画者对透视、角度和比例的了解是非常重要的。"
——埃里卡·布兰德纳

作品: Free Press广场 / **地点:**智利圣地亚哥 / **创作时长:**8小时 / **规格:**35×50厘米 / **工具&材料:**钢笔(永久染色墨水)、水彩、水彩画纸

这幅水彩作品是在干露庄园社区创作的,这里曾经是19世纪智利的贵族区。诗人维森特·维多夫罗(Vicente Huidobro)曾居住在右侧的建筑内,如今这里已经被改造成了一家餐馆。餐馆的主人也在努力恢复这里曾经的辉煌。

2 de Octubre de 2013 - Cerro Santa Lucía - Santiago - Chile

作品：圣卢西亚山 / **地点：**智利圣地亚哥 / **创作时长：**1.5天 / **规格：**35×50厘米 / **工具&材料：**钢笔（永久染色墨水）、水彩、水彩画纸

这幅作品是手绘者在一个周末创作的，她描绘了圣地亚哥城区的圣卢西亚山景。行人和车辆来往穿梭，游人在小山上游览。这里曾经是光秃秃的岩石山，如今呈现出了一片郁郁葱葱的景象。

TIPS

"画面中所有的植物都是采用不同样式的线条创作的，通过水彩实现光影效果。"

——埃里卡·布兰德纳

SMILE WHILE DRAWING!
微笑着画画！

摄影：蒂尔·拉曼

艺术家：蒂尔·拉曼（Till Laßmann）

蒂尔曾在德国克雷菲尔德学习平面设计，于2003年毕业于苏格兰邓迪动画和电子传媒专业。至此，他开始从事自由职业，专注于速写和图表绘制。

您在绘画时通常使用哪些工具和材料？

我随身携带速写本，随时随地准备创作。大多数时候，我绘制的都是小幅作品，便于快速创作完成。通常，我会先使用碳素钢笔或者Pentel毛笔绘制线条，然后使用Pentel Aquash水彩画笔上色。

您眼中的城市是什么样子的？

巴黎绝对是一个有魔力的城市！没去那里之前，我一直以为它也不过就是一个城市而已。但去过之后，我震惊了。

作品：盖奥乐小镇 / **地点**：法国巴黎 / **创作时长**：20分钟 / **规格**：14×10厘米 /
工具&材料：碳素钢笔、水彩、Pentel Aquash水彩画笔

这幅作品是在一次轻松而鼓舞人心的艺术旅程的归途中创作的。这是手绘者第一次来到巴黎，他被这里的景色深深地迷住了。幸运的是，他有几个小时的时间来尽可能详细地描绘这座美丽的城市，并完全从一个新人的视角出发。这幅作品主要呈现了城市的新旧建筑，这也是巴黎的主要特色。

TIPS

"不要过于精确，如果想要写实主义风格，那么拍张照片就好了。但是在速写的时候，请记住适当的不精确是非常有必要的。"

——蒂尔·拉曼

作品：巴黎系列4 / **地点：**法国巴黎 / **创作时长：**15分钟 / **规格：**11×15厘米 / **工具&材料：**Pentel毛笔、水彩、Pentel Aquash水彩画笔

这幅作品是手绘者在巴黎度蜜月时创作的，注重描绘了他深爱的老建筑。在他眼中，巴黎是一个能够给人灵感并充满快乐记忆的城市。

作品：巴黎系列5 / **地点：**法国巴黎 / **创作时长：**15分钟 / **规格：**5×7厘米 / **工具&材料：**碳素钢笔、水彩、Pentel Aquash水彩画笔

这幅作品也是手绘者在巴黎度蜜月时创作的，注重描绘了他深爱的老建筑。

TIPS

"不要过于沉迷在细节之中。有时需要给自己设定一个时间期限——如果和别人一起，那么先让他独自游览一会儿，然后努力在这段时间内完成创作。"

——蒂尔·拉曼

TIPS

"如果你在画画的当时感觉不快乐，那么请调整一下情绪。如果没有调整好，那么暂时放下正在进行的画作，开始新的一页。"

——蒂尔·拉曼

作品：巴黎系列1 / **地点：**法国巴黎 / **创作时长：**20分钟 / **规格：**14×10厘米 / **工具&材料：**碳素钢笔、水彩、Pentel Aquash水彩画笔

这幅作品也呈现了极具巴黎特色的新老建筑，这些建筑相映成趣。

TIPS

"记住，要放松！你不必将自己的作品展示给别人。这是你自己的创作，所以在让别人看之前你可以随意绘制。"

——蒂尔·拉曼

作品：巴黎系列2 / **地点：**法国巴黎 / **创作时长：**30分钟 / **规格：**14×10厘米 / **工具&材料：**碳素钢笔、水彩、Pentel Aquash水彩画笔

天窗的特写是为了展现老建筑中特有的精致细节（尽管这并不具备典型的特征）；黑色铸铁栏杆令人十分着迷。

TIPS

"笑着去画画，享受这一刻的时光，坐下来努力去捕捉一个特定的时刻、一种氛围或一处美景。要不断地从周围的环境中获得灵感。"

——蒂尔·拉曼

START WITH THE IDEA OF DRAWING AND PAINTING AS FAST AS YOU CAN. DRAW LIKE YOU ARE RACING THE CLOCK.

一旦有了想法就要快速实施，绘画就像与时间赛跑一样。

艺术家：肯·福斯特（Ken Foster）

肯·福斯特生活在缅因州卡姆登，是一名建筑设计师和艺术家。他毕业于德州农工大学，取得环境设计学士学位。他曾从事木工职业数年，主要修复历史古迹和木结构建筑。随后，他成立了一家建筑设计公司，专门从事环保建筑设计。如今，他一边从事建筑设计，一边手绘。

您在绘画时通常使用哪些工具和材料？

我通常使用水彩、铅笔和墨水创作，常随身携带手绘工具包（里面的工具就是我最常用的，见下页图）。

您眼中的城市是什么样子的？

我描绘最多的就是我居住的地方——缅因州卡姆登，一个典型的新英格兰风格的小村落。这里有多种样式的建筑，还有高山、湖泊、河流和美丽的港口（船舶和不同规格的大篷车不断地进出斯科特湾）。

摄影：肯·福斯特

作品：戈尔特小镇 / **地点：**法国戈尔特 / **创作时长：**3小时 / **规格：**30.5×40.6厘米 / **工具&材料：**铅笔、水彩

手绘者想要画一幅画，并且选择了整个城市作为主题。这幅作品花费了数小时，但他感觉最后仍然没有完成。虽然如此，但最终效果看起来是非常好的。

TIPS

"将色彩绘制在你希望观者注意的位置，可以在画面中留一些铅笔线条，以此衬托重点。"

——肯·福斯特

作品：离婚法庭 / **地点：**美国罗克兰 / **创作时长：**4小时 / **规格：**30×61厘米 / **工具&材料：**铅笔、墨水、水彩、水粉颜料、水彩画纸 / **软件：**Photoshop、SketchUp

这幅作品描绘了罗克兰诺克斯县法庭。几年前，手绘者曾在这里办理离婚。他在画画的时候忽然感到这两栋建筑很奇怪，有点像他的婚姻。他描绘了小汽车，用于诠释从结婚之前到现在的时间点。另外，他在停车场的广场中添加了离婚判决书文本。

TIPS

> "这些文本是用计算机添加的。我用SketchUp软件制作透视图，然后用Photoshop添加图层进行渲染，使其与整个画面更加匹配。"
>
> ——肯·福斯特

作品：圣何塞教堂 / **地点：**哥斯达黎加圣何塞 / **创作时长：**30分钟 / **规格：**26.7×20厘米 / **工具&材料：**铅笔、水彩、速写本

这幅速写作品是手绘者在美洲中部和南部旅行的第一天创作的。他坐在教堂前广场的草地上进行绘制，由于城市清洁工人正在浇灌附近的草坪，所以时间非常有限——他拿出毛笔和水彩盒，快速完成色彩绘制。

TIPS

> "一旦有了想法就要快速实施，绘画就像与时间赛跑一样。"
>
> ——肯·福斯特

作品： 卡姆登邮局 / **地点：** 美国卡姆登 / **创作时长：** 1小时 / **规格：** 12×24厘米 / **工具&材料：** 铅笔、墨水、水彩

这幅作品描绘了午后的卡姆登邮局。手绘者尝试使用4B铅笔和水彩创作，最后使用墨水勾勒线条和添加细节。

TIPS

"我从门开始，然后逐渐向外部绘制。有时，并不需要事先构图。尝试从你感兴趣的地方开始，这样也许会获得意想不到的效果。"

——肯·福斯特

作品： 餐馆 / **地点：** 美国卡姆登 / **创作时长：** 4.5小时 / **规格：** 12.7×40.7厘米 /
工具&材料： 木棍、墨水、水彩、Moleskine速写本

这一排建筑是卡姆登城区中艺术家们最喜欢的地方，这才是真正的棚屋。餐馆似乎在这三栋建筑之间来回活动，手绘者非常喜欢这样的排列布局。在这幅作品中，他用木棍和墨水进行绘制。

TIPS

"随身携带一把小刀，这样就可以削尖随意找到的一根木棍，然后蘸上墨水，这样便可以开始手绘了。记住，墨水可以表现任何事物。"

——肯·福斯特

TIPS

"现场进行绘制是非常有趣的——建筑内的居民不时地来到窗口晾晒衣服，于是我就将他们画进画中。这样也给作品带来了些许活力。"

——肯·福斯特

作品： 欧亚尔公寓 / **地点：** 西班牙吉罗纳 / **创作时长：** 3小时 / **规格：** 20.3×25.4厘米 / **工具&材料：** 钢笔、水彩、速写本

这幅作品描绘了欧亚尔公寓漂亮的外立面。手绘者花费了很长的时间创作，但仍然漏掉了一层建筑。由于手头没有橡皮擦，所以他只能接着创作，直到最后完成。

Sketched at the Louvre this (10.8.11) morning, then walked back to the hotel and stopped near Pont Neuf to sketch this. I brought it into Sketchbook Pro this morning (11.7.11) and reworked it digitally – just playing.

作品：船 / **地点：**法国巴黎 / **创作时长：**2小时 / **规格：**20×20厘米 / **工具&材料：**水彩、墨水 / **软件：** Sketchbook Pro

这幅作品描绘了塞纳河对岸的法兰西学院。手绘者想尝试清晨在卢浮宫附近创作，但最终没能成功。在回酒店的路上，他创作了这幅作品。很明显，他对此也不太满意，最后使用Sketchbook Pro绘图软件进行修复。

TIPS

"我觉得每幅作品都不会被糟蹋，总会有办法进行修复。"

——肯·福斯特

10·15·11 In St. Reny de Provence: took a taxi from Gordes to Avignon, stated to rent a car and then decided a taxi would be both easier and cheaper - taxi to St. Remy and walked around town sketched this at Michel Marshall

10·16·11 It is Sunday in St. Remy. There are lots of these little Citroën cars around town - I love them. This one has a sweet little place to call home.

作品： 圣雷米城 / **地点：** 法国圣雷米 / **创作时长：** 1.5小时 / **规格：** 20.3×25.4厘米 / **工具&材料：** 钢笔、水彩、速写本

这是一幅典型的旅行日记手绘图。手绘者直接使用Uni-ball Vision钢笔描绘场景，然后用水彩进行上色。

> **TIPS**
>
> "我特别喜欢在旅行的时候画画，并在画面上添加简短的注释，这样能够帮助我将来回忆当时的情景。"
>
> ——肯·福斯特

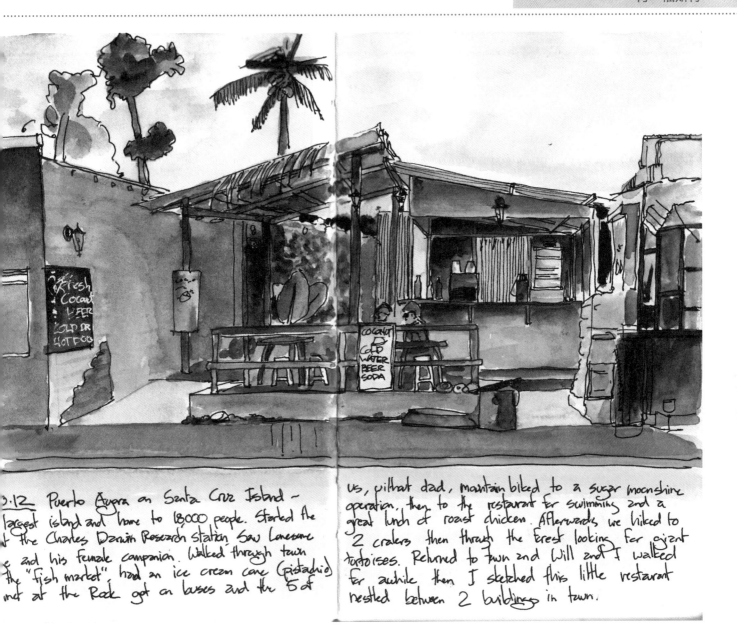

3.12 Puerto Ayora on Santa Cruz Island – largest island and home to 18,000 people. Started the at the Charles Darwin Research station Saw Lonesome e and his Female companion. Walked through town the "Fish market", had an ice cream cone (pistachio) met at the Rock got on buses and the 5 of us, with dad, maintain biked to a sugar moonshine operation, then to the restaurant for swimming and a great lunch of roast chicken. Afterwards we hiked to 2 craters then through the forest looking for giant tortoises. Returned to town and Will and I walked for awhile then I sketched this little restaurant nestled between 2 buildings in town.

作品：阿约拉港 / **地点：**厄瓜多尔阿约拉港 / **创作时长：**1.5小时 / **规格：**20.3×25.4厘米 / **工具&材料：**钢笔、水彩、速写本

这也是一幅旅行日记手绘图。在开船前2小时，手绘者坐在餐馆对面的街道上开始创作。

TIPS

"记得随身携带速写本，这是最好的建议！这一天的行程排得非常紧张，但我依然带着速写本。在开船之前刚好有时间进行创作。"

——肯·福斯特

WHEN SKETCHING WITH WATERCOLOURS IT IS IMPORTANT NOT TO USE TOO MANY COLOURS, BUT TO ENSURE THAT YOU OBSERVE LIGHT AND SHADOWS.

使用水彩手绘的时候，不要运用过多的色彩，但要确保呈现出光影效果。

您在手绘时通常使用哪些工具和材料？

我在手绘时通常会携带一个背包、一把简易折叠椅、一个速写本和一些散页纸张。当然，我也会带上各种规格的铅笔、钢笔、签字笔芯、蜡笔、马克笔和水彩。这样的话我就可以随意选择工具，以满足我想要创作的作品的所有需求。

您眼中的城市是什么样子的？

我在这个名为亚琛的城市培养了大部分的绘图技巧。这座城市位于德国，与荷兰和比利时接壤，是一个温馨的小城镇，有几座美丽的山丘。我在这里学习和工作，度过了12年，所以这座城市给我带来了很大的影响。

艺术家：格尔德·塞德莱斯（Gerd Sedelies）

格尔德·塞德莱斯于1976年在立陶宛克莱佩达出生。他曾在亚琛工业大学学习建筑设计，跟随海纳·霍夫曼（Heiner Hoffmann）教授学习建筑绘图，掌握了多种技巧，这为他之后五年的助教工作带来了很大的帮助。2008年，他搬到了鹿特丹，并在代尔夫特理工大学担任绘图讲师。2012年，他又来到柏林，在应用科学大学担任手工制图专业教授。

摄影：格尔德·塞德莱斯

作品：朝阳 / **地点：**英国伦敦 / **创作时长：**15小时 / **规格：**145×155厘米 / **工具&材料：**滚刷、胶印颜料、纸

这幅大型的手绘作品草图在实地绘制，最终在画室中完成。手绘者使用滚刷在纸上创作，主要突出了新建筑（如朝阳般的篮球场）和旧砖石建筑之间的强烈对比。

TIPS

"这幅大型的手绘作品草图在实地绘制，最终在画室中完成，使用滚刷在纸上创作。"
——格尔德·塞德莱斯

作品：马斯特里赫特拼贴画／**地点：**荷兰马斯特里赫特／**创作时长：**4.5小时／**规格：**50×100厘米／**工具&材料：**蜡笔、铅笔

这幅作品将马斯特里赫特两栋著名的建筑〔阿尔多·罗西（Aldo Rossi）设计的博尼范登博物馆和乔·科嫩（Jo Coenen）设计的城市图书馆〕放在同一个空间加以描绘。手绘者不断变换创作地点，然后将两栋建筑结合在一起。

TIPS

"这是一幅大型的拼贴画。我不断变换地点，采用相同的水平线和创作技法将两栋建筑结合在一起。"

——格尔德·塞德莱斯

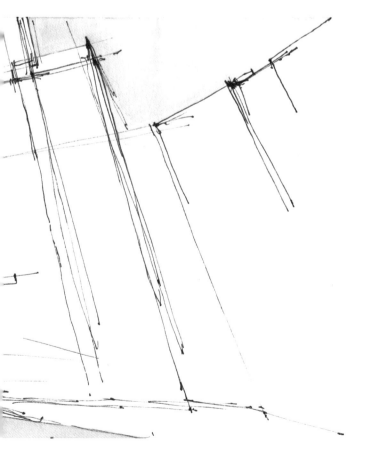

作品：斯托斯伯格广场／**地点：**德国柏林／**创作时长：**1.5小时／**规格：**20×50厘米／**工具&材料：**签字笔芯、水彩

斯托斯伯格广场是位于柏林弗里德里希斯海因区的一个大型城市广场。在这里，交通环岛被社会主义风格的建筑环绕〔20世纪60年代由赫尔曼·汉索曼（Hermann Hanselmann）设计〕。

TIPS

"手绘的时间通常是有限的，所以先绘制出大概的轮廓，然后添加细节，并在地面和天空处用水彩涂色。这样即使细节不够完整，整栋建筑看起来也格外清晰。"

——格尔德·塞德莱斯

作品： 卡拉特拉瓦 / **地点：** 西班牙瓦伦西亚 / **创作时长：** 2小时 / **规格：** 23×65厘米 / **工具&材料：** 色粉笔

西班牙著名的建筑师圣地亚哥·卡拉特拉瓦（Santiago Calatrava）设计了瓦伦西亚的艺术与科学之城，在施工期间创作了歌剧院手绘图。这一建筑体现了现代建筑的和平特色。

TIPS

"在天空或背景中使用深色，与主体建筑形成对比，凸显主体建筑的亮度，从而使主题更加鲜明。"

——格尔德·塞德莱斯

作品： 克尼域车站 / **地点：** 英国伦敦 / **创作时长：** 1天 / **规格：** 90×190厘米 / **工具&材料：** 马克笔、胶印颜料、牛皮纸

这幅作品是在克尼域车站站台之间的桥上创作的，它呈现了前景中的古老砖石工业建筑与背景中奥林匹克新建场馆的强烈对比。

TIPS

"这幅大型作品的草图是在实地绘制的，最终在画室内完成，主要使用滚刷、画笔、深色马克笔、胶印颜料在牛皮纸上创作。牛皮纸呈现中性色调，用白色表现最亮的部分。"

——格尔德·塞德莱斯

TIPS

"这幅大型作品的草图是在实地绘制的，最终在画室内完成，主要使用滚刷、画笔、深色马克笔、胶印颜料在牛皮纸上创作。"

——格尔德·塞德莱斯

作品：高速公路 / **地点：**英国伦敦 / **创作时长：**1.5天 /
规格：150×220厘米 / **工具&材料：**马克笔、胶印颜料、牛皮纸

这幅手绘作品呈现了为期三年的建筑工程的场景，旨在突出克尼域地区为举办2012年夏季奥运会不断建设发展的过程。

TIPS

"这幅作品在牛皮纸上使用浅色蜡笔绘制，旨在增添画面的纵深感。此外，使用鱼眼透视技法，画面中呈现出弯曲的地平线和第三个消失点。"

——格尔德·塞德莱斯

作品：仓库 / **地点：**葡萄牙里斯本 / **创作时长：**2小时 /
规格：50×60厘米 / **工具&材料：**马克笔、蜡笔

这幅作品描绘了老旧的废弃仓库。手绘者将创作地点选在了里斯本对面的阿尔马达城区的Casilhas教堂，并采用鱼眼透视法绘制。

作品: 辣椒床公寓 / **地点:** 德国柏林 / **创作时长:** 2小时 / **规格:** 20×40厘米 / **工具&材料:** 水彩

这幅水彩手绘作品是在柏林政府区内创作的。画面左侧是第三议会大厦(玛利亚·伊丽莎白·鲁德斯故居),背景是著名的电视塔和国际贸易中心。

TIPS

"使用水彩绘画的时候，不要运用过多的色彩，但要确保呈现出光影效果。同时，需要将白纸的一部分留白，借以突出较亮的区域。如果白色周围使用了深色，那么白色就会显得尤为明亮。"

——格尔德·塞德莱斯

URBAN SKETCHING IS ABOUT CAPTURING THE SPATIAL QUALITIES OF THE CITY!

城市手绘是关于城市空间品质的捕捉！

艺术家：彼得·拉什（Peter Rush）

彼得·拉什是一位职业建筑师，他和他的伴侣海蒂·塞曼共同经营了一家小工作室。他热衷观察城市环境，坚信好的建筑源自对城市的了解。城市手绘是了解城市的一种自然方式，同时也成了他设计灵感的源泉。在他看来，城市手绘不是刻画单独的建筑，而是要捕捉城市的空间品质。

您在手绘时通常使用哪些工具和材料？

我随时都在寻找手绘的机会，任何物品都能成为创作的工具，如废旧的盒子或纸张。也有时候，当我发现了想要描绘的景致，我会带着速写本、钢笔、铅笔和卷笔刀返回来进行创作。

您眼中的城市是什么样子的？

悉尼拥有美丽的海港和迷人的自然环境。不过，我深深着迷于古老、喧嚣的城市风光，如19世纪的街头——层叠的路牌、路灯杆、店铺招牌、华丽的建筑立面和熙攘的人群为其增添了空间的动感。

摄影：彼得·拉什

作品： 新城区路口 / **地点：** 悉尼新城 / **创作时长：** 2小时 / **规格：** 42×59厘米 / **工具&材料：** 钢笔、铅笔

手绘者喜欢在A2纸上创作，非常乐于快速完成大幅图画的创作。这幅作品展现了悉尼著名的新城区路口，这里带有很多鲜明的特色。

作品： 新城区国王街 / **地点：** 悉尼新城 / **创作时长：** 2小时 / **规格：** 24×38厘米 / **工具&材料：** 钢笔、铅笔、废弃纸盒

松散的线条和丰富的色彩能够产生一种力量感。在这幅画中，绿色和红色结合，柔和的色彩以及纸盒的形态增添了和谐感，同时赋予作品更多的活力和动感。

TIPS

"快要下雨了，所以我必须快点完成这幅作品。我的建议是，没有时间提前计划也不要紧，即使在比例或者位置方面产生一些错误也没有关系。一幅作品中所呈现的情绪和你花费的精力是更加重要的。"

——彼得·拉什

TIPS

"首先，要感受一个地方的活力与氛围。然后，观察创作的主题（在这幅作品中，将绿色的大厦作为城市空间的主体）。这样就会使手绘的主题特色更加鲜明，而并不是一个孤立存在的物体。"

——彼得·拉什

作品： 建筑工地 / **地点：** 澳大利亚悉尼 / **创作时长：** 6小时 / **规格：** 50×160厘米 / **工具&材料：** 铅笔

这幅作品描绘了一个建筑工地场景——拆除过程体现在临近建筑的立面上。这对于手绘者来说是非常有挑战性的，因为这个景象存在的时间非常短暂。

TIPS

"我看到这个建筑工地之后印象深刻，于是决定创作一幅大型手绘。随后，我再次回到这里，给了自己一天的时间去实施这个想法。我的建议是，要毫不犹豫地绘制阴影，这能够增添空间纵深感。这一点在城市景观绘制中是非常重要的。"

——彼得·拉什

作品： 垃圾收集日 / **地点：** 澳大利亚布里斯班 / **创作时长：** 1小时 / **规格：** 25×18厘米 / **工具&材料：** 钢笔、彩色铅笔、Sullman & Birr Alpha系列速写本

这幅作品描绘了郊区宽阔的街道场景，排列整齐等待清空的垃圾桶带来了些许生活的气息。

TIPS

"我站在街道中央，为了增强透视效果，我着重描绘了将要被清空的、排列整齐的垃圾桶。幸运的是，一只大摇大摆经过的鸭子给画面枯燥的前景增添了真实的生活气息。"

——彼得·拉什

作品：卢埃林街小径 / **地点：**澳大利亚悉尼 / **创作时长：**2小时 / **规格：**21×29厘米 / **工具&材料：**钢笔、铅笔

手绘者想要描绘左边的粉色小屋。在创作过程中，他并没有将其作为构图的核心部分，而是将注意力集中在小径上，从而增添了画面的视觉深度。因此，这幅作品体现更多的是城市景观，而非一栋单独的建筑。

TIPS

"城市手绘不仅是关于手绘技巧，而是关乎对城市的关注和喜爱。技巧随着创作自然而然便会掌握。"

——彼得·拉什

作品：悉尼歌剧院 / **地点：**澳大利亚悉尼 / **创作时长：**2小时 / **规格：**29×21厘米 / **工具&材料：**钢笔、铅笔

手绘者被从两栋公寓建筑夹缝中看到的悉尼歌剧院的景象震撼了。画面前景中再普通不过的垃圾桶和晾衣绳与壮观的歌剧院和悉尼港形成有趣的对比。他为了能描绘这样一个著名建筑的不寻常景象而感到非常满足。

TIPS

"这一作品的成功主要依赖于精确地描绘了公寓之间的缝隙，从而确保了足够的视觉张力。精确度非常重要，这要求手绘者要放松，要有耐心，同时要花费时间去创作。大体结构完成之后，其余部分就会自然地呈现。"

——彼得·拉什

I DON'T PLAN ANYTHING, INSTEAD I LET THE MOMENT TAKE OVER.

我不计划做任何事情，而是让一切顺其自然。

艺术家：罗伯特·斯科尔滕（ Robert Scholten **）**

邮箱：robbie26@gmail.com
网站：www.robertscholten.com

罗伯特·斯科尔滕来自澳大利亚墨尔本，是一名艺术家和插画家。他喜欢一边听人说话，一边涂鸦；他会将自己订的太辣的食物作为创作原料。他通常在纸巾、墙壁、画布，甚至毫无戒心的小猫身上画画。他曾在斯威本科技大学学习平面设计，并取得了皇家墨尔本理工大学硕士学位。他喜欢探索世界，并将这些经历描绘下来。他的作品充满乐趣，他也乐于继续创作下去。

您在手绘时通常使用哪些工具和材料？

我会找一个舒适的地方坐下来，然后开始创作。我不计划做任何事情，而是让一切顺其自然。我使用的材料往往取决于当时的情况，我乐于旅行并购买任何能够带给我灵感的材料，那些易于携带、速干的材料更好。

您眼中的城市是什么样子的？

纽约是一个特色鲜明的、如梦如幻的地方，让人乐于去探索。我被其特有的高度和密度深深吸引，其迷人的历史也构成了它真正的特点。刷子和墨水是我最喜爱的创作媒介，可用于绘制粗壮而有力的线条。

摄影：伟帅

作品： 奥迪加斯之景 / **地点：** 菲律宾马尼拉 / **创作时长：** 2小时 / **规格：** 29.7×42厘米 / **工具&材料：** 水彩、钢笔、马克笔、彩色粉笔

手绘者曾经是一名平面设计师，到世界各地的办公室去工作。这幅作品是在菲律宾创作的。为了避开上下班的高峰期，他会选择晚一些出门工作，然后晚一些回家。晚上，办公室只剩下他自己，于是他便利用这个机会描绘了从22楼看到的迷人景色。

TIPS

"将'完成'和'未完成'的区域结合在一起，从而打造出让人兴奋的效果——这样观者可以用自己的想象去填充那些'未完成'的部分。"

——罗伯特·斯科尔滕

作品：古堡区 / **地点：**菲律宾马尼拉 / **创作时长：**1小时 / **规格：**42×59.4厘米 / **工具&材料：**水彩、马克笔、油性粉笔、钢笔

画面中描绘了马尼拉古堡区的景象。手绘者住在他表弟的公寓内，喜欢去楼顶看风景。画面左侧的远处是一个非常受欢迎的购物中心，他尤其喜欢这个庞大的建筑群，并非常欣赏金色薄雾下因灯光变化而产生的效果。

TIPS

"仔细观察天空的颜色，它会影响到整个画面。"
——罗伯特·斯科尔滕

作品：依斯古沓街区 / **地点：**菲律宾马尼拉 / **创作时长：**1.5小时 / **规格：**42×59.4厘米 / **工具&材料：**水彩、马克笔、油性粉笔、钢笔

依斯古沓街区是马尼拉的一部分，这里深深激发了手绘者的好奇心。历史上，这是非常时尚现代的街区，到处高楼林立。如今，这里衰退了，即便如此也能看到曾经的辉煌。在罗伯特眼中，美丽的艺术装饰风格建筑是战争之后唯一一幸存下来的。在这幅作品中，他试图捕捉曾经的光芒和那些迷人的细节（当然在现在看来则变成了污点）。

TIPS

"深入了解一个地方，包括其背后的故事和历史，这样会让画面更加丰富。"
——罗伯特·斯科尔滕

作品：马尼拉屋顶风光 / **地点：**菲律宾马尼拉 / **创作时长：**1小时 / **规格：**42×59.4厘米 / **工具&材料：**水彩、马克笔、油性粉笔、钢笔

画面中描绘了马尼拉另一处风光。不同的场景会影响材料的使用——在这幅作品中，手绘者有意添加了许多色彩和模糊的线条，这完全是受城市环境的影响。

TIPS

"寻找有趣的形状和纹理，并运用到手绘中。"
——罗伯特·斯科尔滕

作品：马尼拉大教堂 / **地点：**菲律宾马尼拉 / **创作时长：**1小时 / **规格：**42×59.4厘米 / **工具&材料：**水彩、马克笔、油性粉笔、钢笔

市中古城是马尼拉的核心区域，这里保留着很多西班牙建筑。这幅作品描绘了马尼拉大教堂。手绘者在创作的时候，这里正好在举行一场摄影大赛，因此很多摄影师都竞相给他拍照。

TIPS

"使用不同的材料会让画面更加引人注目。"
——罗伯特·斯科尔滕

作品：圣米格尔大道 / **地点：**菲律宾马尼拉 / **创作时长：**30分钟 / **规格：**29.7×42厘米 / **工具&材料：**钢笔

手绘者尝试用线条捕捉圣米格尔大道的即时景象。这条大道根据菲律宾知名的啤酒命名，他觉得这非常有趣。手绘者习惯于在这里穿梭，一直走下去，会看到一排购物中心。

TIPS

"当你不知道画什么的时候，那么就坐下来画画眼前的事物。不用想太多，只要享受就好。"

——罗伯特·斯科尔滕

作品：西33大街 / **地点：**美国纽约 / **创作时长：**1小时 / **规格：**29.7×42厘米 / **工具&材料：**墨水（红色和黑色墨水）、画笔

手绘者最热爱的就是纽约的这些小街角、小细节，他非常喜欢这里的门、路灯杆、繁忙街景中的小鸟雕塑等。这些小物件在熙熙攘攘的人流中安静地存在着，这在他眼中非常有趣。

TIPS

"将两种颜色结合起来，能增强画面的深度——一扇敞开的大门引领着大家的视线。"

——罗伯特·斯科尔滕

作品： 教堂 / **地点：** 美国纽约 / **创作时长：** 1.5小时 / **规格：** 29.7×42厘米 / **工具&材料：** 墨水、画笔

教堂与世贸中心毗邻，是一处平静的场所，犹如喧嚣城市中的一片绿洲，适合坐下来休息与放松。这幅作品描绘了两个世界之间的界限，同时也展现了手绘者对所有建筑的热爱。

TIPS

"画面的前景、中景和背景用大图形绘制，适当的变化增添了动态感。"

——罗伯特·斯科尔滕

作品： SOHO美景 / **地点：** 美国纽约 / **创作时长：** 1小时 / **规格：** 29.7×42厘米 / **工具&材料：** 墨水、画笔

手绘者在纽约城闲逛，有时会迷路，更会感到疲惫。他在附近画廊参观了一位艺术家的展览，深受启发之余发现自己已经站了两个小时，于是找了一个地方休息。买了一个非常难吃的热狗之后，他开始坐下来绘制这幅作品。

TIPS

"不论什么时候都要描绘生活。坐下来，一边创作，一边体验绘制的场景。"

——罗伯特·斯科尔滕

作品：格里利广场 / **地点：**美国纽约 / **创作时长：**1.5小时 / **规格：**29.7×42厘米 / **工具&材料：**墨水（蓝色和黑色墨水）、画笔

手绘者在纽约的时候并没有特殊的旅行计划，每次都是当天决定。但只有一件事除外——他在宾州车站下车后买了一杯咖啡，走过一个街区到达格里利广场，然后坐下来休息。这里是一个带有小围栏的开放区域，很多人在这里休息、打牌，一片平和。

TIPS

"咖啡厅非常适合创作——你可以买一杯美味的咖啡，然后坐下来开始画画。"

——罗伯特·斯科尔滕

作品：纽约码头 / **地点：**美国纽约 / **创作时长：**1小时 / **规格：**29.7×42厘米 / **工具&材料：**墨水（蓝色和黑色墨水）、画笔

手绘者有一张环城游览的船票。他错过了本来应该搭乘的船，但被允许在下一趟船上等待起航。这真的非常幸运，因为当时船上只有他一个人，这非常适合创作。

TIPS

"将充满细节的区域和负空间（画面主体之外的空间）结合，两者相得益彰。"

——罗伯特·斯科尔滕

BE PATIENT AND HAVE AN EYE FOR THOSE THINGS THAT DETERMINE THE SPIRIT OF THE PLACE.

要有耐心并注意观察那些决定一个地方本质特色的事物。

您在手绘时通常使用哪些工具和材料？

如果在我的家乡，当我想要画画的时候通常会骑着自行车出去，我会在自行车上带一个大袋子，里面装着一个木盒，其中装满了各种工具和材料，如大画笔、水彩金属盒、用于盛水的塑料盒、用于擦干的纸巾、绘画墨水、裁纸刀等，除此之外，还有水彩画纸。我会用很多便笺纸确保画笔有适当的湿度。

您眼中的城市是什么样子的？

我居住在安特卫普，这座城市依斯凯尔特河而建，有一个老建筑核心区。此外，一个19世纪的建筑区将这个核心区环绕其中，包括公寓、联排别墅、独立住宅、工厂、写字间等。这是一个具有丰富历史和多样化风格的建筑、公园、电车线路和火车站的美丽城市。

艺术家：吉奥特·拉蒂（Gialt Latte）

吉奥特·拉蒂是一名建筑师，1984年毕业于安特卫普赫格尔建筑学院（Hoger architectuurinstituut Henri van de Velde）。他主要从事教育和医疗建筑设计，在安特卫普赫格尔建筑学院学习的平面构图知识为他后来从事的现场绘图工作打下了基础。

摄影：吉奥特·拉蒂

作品： Frankrijklei街 / **地点：** 比利时安特卫普 / **创作时长：** 45分钟 / **规格：** 23×31厘米 / **工具&材料：** 墨水、水彩、300克/平方米冷压棉纸

安特卫普的大街特色十足，并拥有很多建筑。在这幅作品中，中心建筑立面上玻璃的反光引起了手绘者的格外关注。此外，在整个画面中其他元素也非常重要，尤其是电车给城市景象增添了活力。

TIPS

"时刻关注街道上的景象，如路灯杆、电线、小路，还有垃圾桶。"

——吉奥特·拉蒂

作品： 布鲁日女修道院 / **地点：** 比利时布鲁日 / **创作时长：** 30分钟 / **规格：** 18×26厘米 / **工具&材料：** 墨水、水彩、300克/平方米冷压棉纸

布鲁日女修道院是一个神圣而神奇的地方。为了营造其特有的宁静和平，需要恰当地捕捉光线。在这幅作品中，手绘者着重绘制了树的阴影。

TIPS

"要有耐心并注意观察那些决定一个地方本质特色的事物。"

——吉奥特·拉蒂

作品： Stermolen小磨坊 / **地点：** 比利时埃克瑟尔 / **创作时长：** 45分钟 / **规格：** 31×23厘米 / **工具&材料：** 墨水、水彩、300克/平方米冷压棉纸

画面中描绘了比利时小山村内的一个小磨坊，它带有鲜明的历史特色。风车的叶片仿佛在转动，但实际上是完全静止的，阴影和线条营造了这种动态感。

作品： Tannerre en Puisaye / **地点：** 法国Tannerre en Puisaye / **创作时长：** 1小时 / **规格：** 31×23厘米 / **工具&材料：** 墨水、水彩、300克/平方米冷压棉纸

八月初，法国中部依然很炎热，在这里时间仿佛静止了一般。在这幅画中，教堂塔楼通过多种暖色呈现，教堂旁边的绿树恰当地诠释了广场的亮度和比例，深色阴影区域突出了白纸上的太阳光。

TIPS

"注意观察画面的动态部分。"

——吉奥特·拉蒂

TIPS

"画面中的留白与其他部分同等重要。"

——吉奥特·拉蒂

作品： Sint Jorispoort区 / **地点：** 比利时安特卫普 / **创作时长：** 30分钟 / **规格：** 18×26厘米 / **工具&材料：** 墨水、水彩、300克/平方米冷压棉纸

在这幅作品中，建筑立面上的黄色光线、蓝灰色的阴影区和在广场上空的电线共同构成了安特卫普街景的特色。另外，露台上的红色顶棚为画面增添了一丝温馨。

TIPS

"展现自己喜欢的景象，不要过分沉迷在细节中。"

——吉奥特·拉蒂

作品： 代尔夫特 / **地点：** 荷兰代尔夫特 / **创作时长：** 30分钟 / **规格：** 18×26厘米 / **工具&材料：** 墨水、水彩、300克/平方米冷压棉纸

代尔夫特市场带有典型的荷兰风格，这里很冷，水都很难蒸发，因此画面呈现出一丝动感。然而，正因如此，画面看起来更具魅力。

作品： Lange Van Ruusbroecstraat街区 / **地点：** 荷兰安特卫普 / **创作时长：** 30分钟 / **规格：** 18×26厘米 / **工具&材料：** 墨水、水彩、300克/平方米冷压棉纸

安特卫普这一街区内以深色砖石建筑为特色，红色顶棚奠定了整个画面的基调。顶棚阴影区诠释了这一区域短暂的光照时间，前景中的柱子增添了画面的纵深感。

TIPS

"接受不同的气候，它不会让你的画面变得糟糕。"

——吉奥特·拉蒂

TIPS

"选择喜欢的颜色并寻找简单的配色方案，尝试将整个画面看作一个多彩的整体。"

——吉奥特·拉蒂

SOMETIMES IT IS IMPORTANT TO SHOW ANOTHER POINT OF VIEW.

有时换个角度去诠释非常重要。

艺术家：爱德华多·迪·克莱里克
（Eduardo Di Clérico）

爱德华多·迪·克莱里克来自阿根廷布宜诺斯艾利斯，是一名建筑师，PFZ建筑事务所的创始人。如今，他是一名大学教授，也是一位知名的手绘达人。作为"城市手绘达人"团队的成员，他自诩为"爱闲逛的人"，不断寻找城市的灵魂。

您在手绘时通常使用哪些工具和材料？

我通常使用的材料和工具主要有：Moleskine速写本（水彩本）、Canson速写纸、永久性马克笔（超细笔芯）、1880针管笔和404针管笔。目前我最喜欢的是Sheaffer、Lamy、CaranD'ache和Mont-Blanc牌钢笔，Winsor & Newton水彩，以及Prismacolor和Derwent牌彩色铅笔。

您眼中的城市是什么样子的？

布宜诺斯艾利斯市位于阿根廷布宜诺斯艾利斯省，其因欧洲风格的建筑和丰富的文化生活而著称。这里的建筑以折中主义风格为特色，同时受到意大利风格和法国风格的影响，这种情形一直持续到20世纪早期。自20世纪30年代起，勒·柯布西耶（Le Corbusier）和欧洲实用主义风格开始占据主要地位。

摄影：宝拉·迪·克莱里克

作品： 波特贝罗路 / **地点：** 英国伦敦 / **创作时长：** 50分钟 / **规格：** 21×29.7厘米 /
工具&材料： 黑色墨水、水彩、彩色马克笔、150克速写纸

波特贝罗路位于诺丁山区，维多利亚时代中后期风格的联排住宅和商店簇拥在这里，为街景增添了亲切的气息。

TIPS

"在这幅作品中，我想要展现沿街而建的房屋的多彩性和红色立面的力量感。这样的视角增添了画面的纵深感。"

——爱德华多·迪·克莱里克

作品： 古根海姆美术馆 / **地点：** 美国纽约 / **创作时长：** 50分钟 / **规格：** 13×21厘米 / **工具&材料：** 永久性黑色马克笔、水彩、200克速写纸

古根海姆美术馆由弗兰克·劳埃德·赖特（Frank Lloyd Wright）设计，外观呈现圆柱形，上宽下窄，被誉为"灵魂殿堂"，是20世纪重要的建筑地标之一。

TIPS

"前景中的小树增添了画面的纵深感。我穿过街道，从这个视角来看，这一元素非常重要。"

——爱德华多·迪·克莱里克

PUENTE NICOLÁS AVELLANEDA./LA BOCA.

TEATRO COLÓN / PZA. LAVALLE.

作品：阿韦亚内达桥 / **地点：**阿根廷布宜诺斯艾利斯 /
创作时长：50分钟 / **规格：**13×42厘米 / **工具&材料：**
永久性黑色马克笔、水彩、200克速写纸

这座桥建于1940年，距离1914年建成的著名运输
桥不到100米，是这一地段的交通要道。

TIPS

"整幅画的创作以水平线为
基准（连接了桥和树木的影
子），另外添加了两块重点
区域（左侧橘色的桥和右侧
黄色的小船）。"

——爱德华多·迪·克莱里克

作品：科隆大剧院 / **地点：**阿根廷布宜诺斯艾利斯 /
创作时长：50分钟 / **规格：**13×42厘米 / **工具&材
料：**永久性黑色马克笔、水彩、200克速写纸

科隆大剧院是布宜诺斯艾利斯地区的主要剧院，也
是世界第三大剧院。这幅作品是在现场创作的。

TIPS

"这棵重要的树（ombú，
产于南非的一个树种）使整
幅画看起来更加和谐。"

——爱德华多·迪·克莱里克

作品： 纽约SOHO / **地点：** 美国纽约 / **创作时长：** 50分钟 / **规格：** 21×13厘米 /
工具&材料： 永久性黑色马克笔、水彩、200克速写纸

这是位于曼哈顿城区的一个街区，过去这里因有许多艺术家的宅邸和美术馆而
引起公众的关注，如今这里则因众多的商店而著称。

作品： 克莱斯勒大厦 / **地点：** 美国纽约 / **创作时长：** 50分钟 / **规格：** 21×13厘米 /
工具&材料： 永久性黑色马克笔、水彩、200克速写纸

克莱斯勒大厦是艺术装饰风格建筑的典型代表，并被众多当代艺术家视为纽约
城最好的建筑之一。

TIPS

"前景中的消防梯拉近了画面与读者的距离，而
红色巴士则使画面更加完整，而消防梯的描绘同
样丰富了巴士部分的画面。"

——爱德华多·迪·克莱里克

TIPS

"在纽约建筑中我最喜欢克莱斯勒大厦。我从另
一个角度去描绘它，大厦左侧的景象和前景中右
侧的黄色交通指示灯使整幅画更加和谐。"

——爱德华多·迪·克莱里克

作品：熨斗大厦 / **地点：**美国纽约 / **创作时长：**50分钟 / **规格：**21×13厘米 / **工具&材料：**永久性黑色马克笔、水彩、200克速写纸

熨斗大厦由来自芝加哥的设计师丹尼尔·伯纳姆（Daniel Burnham）设计。

作品：赫斯特大厦 / **地点：**美国纽约 / **创作时长：**50分钟 / **规格：**21×13厘米 / **工具&材料：**永久性黑色马克笔、水彩、200克速写纸

赫斯特大厦由建筑师诺曼·福斯特（Norman Foster）设计，新建部分耸立于旧建筑之上，高达44层。玻璃立面让人感觉仿佛悬浮而立。

TIPS

"在这幅作品中，熨斗大厦成为中心。前景中的电线杆、指示牌和路灯增添了画面的纵深感。"

——爱德华多·迪·克莱里克

TIPS

"创作这幅作品时我一直仰视，感觉脖子很疼，但这确实是呈现诺曼·福斯特这座建筑的最佳视角。有时换个角度去诠释非常重要。"

——爱德华多·迪·克莱里克

TIPS

"古神庙建筑在现代环境中并不突兀。我根据参观者的游览路径绘制出建筑物的两个立面，使画面平衡和谐。"

——爱德华多·迪·克莱里克

作品： 波塞冬神庙 / **地点：** 意大利萨莱诺 / **创作时长：** 50分钟 / **规格：** 13×21厘米 / **工具&材料：** 永久性黑色马克笔、水彩、200克速写纸

帕埃斯图姆遗址的古希腊神庙格外著名。波塞冬神庙建于公元前460年—公元前450年，目前保存得非常完好。

TIPS

"对称性是这幅作品的基调。我从建筑前面两侧的鲜花布局中寻求对称性，将建筑立面和台阶作为画面的核心。当然，中央位置的十字架也是非常重要的元素。"

——爱德华多·迪·克莱里克

作品： 玛德莲教堂 / **地点：** 法国巴黎 / **创作时长：** 50分钟 / **规格：** 21×29.7厘米 / **工具&材料：** 黑色墨水、彩色马克笔、彩色铅笔、150克速写纸

玛德莲教堂最初的设计宗旨是一座神庙，用于体现拿破仑军队的荣耀。在拿破仑退位之后，法国国王路易十八将其改为教堂，用于纪念抹大拉的玛丽亚（一个在基督教的传说里被耶稣拯救的形象）。

PIAZZA DEI MIRACOLI / TORRE DI PISA (S.XII)

E. DI CLERICO 05/2013

MET - NYC 2012

E. DI CLERICO '12

作品： 比萨斜塔 / **地点：** 意大利比萨 / **创作时长：** 50分钟 / **规格：** 21×13厘米 /
工具&材料： 永久性黑色马克笔、水彩、200克速写纸

比萨斜塔是比萨大教堂的钟楼，因其倾斜的形式而举世闻名。比萨斜塔位于大教堂后面，是比萨大教堂广场上继大教堂和洗礼堂之后的第三古老的建筑。

作品： 大都会艺术博物馆 / **地点：** 美国纽约 / **创作时长：** 50分钟 / **规格：** 21×13厘米 / **工具&材料：** 永久性黑色马克笔、水彩、200克速写纸

大都会艺术博物馆是美国最大的博物馆，主体结构位于中央公园东艺术馆大道的一侧。单从面积上来讲，它是世界上最大的美术馆之一。

TIPS

"手绘图看似一个笑话，却是呈现画面主题的一种方式，只是有些不同寻常而已。"
——爱德华多·迪·克莱里克

TIPS

"古典建筑很难描绘，最好的方式即是使用透视法加以压缩。阴影增添了画面的纵深感和色彩感，使主题更加突出。"
——爱德华多·迪·克莱里克

SANTO STEFANO / SETTE CHIESE ~ BOVOGNA.

作品：七教堂／**地点：**意大利博洛尼亚／**创作时长：**50分钟／**规格：**13×21厘米／**工具&材料：**永久性黑色马克笔、水彩、200克速写纸

圣史蒂法诺教堂群位于与其同名的广场上，在当地又被称作"七教堂"，它们赋予了博洛尼亚浓郁的宗教特质。

TIPS

"这里的建筑规模宏大，是博洛尼亚最美的地方。手绘者重点描绘了顶部的电线和下面的小路，而蜘蛛网状的结构产生了两个水平面，可以使观者更好地观察这个场景。"

——爱德华多·迪·克莱里克

ED. SECESION VIENESA / VIENA. (1897) M. OLBRICH.

作品：分离派展览馆／**地点：**奥地利维也纳／**创作时长：**50分钟／**规格：**13×21厘米／**工具&材料：**永久性黑色马克笔、水彩、200克速写纸

维也纳分离派展览馆由约瑟夫·马里亚·欧尔布里希（Joseph Maria Olbrich）设计，建于1897年，是这些反叛艺术家的建筑宣言。分离派是指在奥地利新艺术运动中产生的著名的艺术家组织。这幅作品是手绘者在旅行中创作的。

TIPS

"画面中的大树圈定了建筑的范围。"

——爱德华多·迪·克莱里克

作品：Usina艺术中心 / **地点：**阿根廷布宜诺斯艾利斯 / **创作时长：**50分钟 / **规格：**42×13厘米 / **工具&材料：**永久性黑色马克笔、水彩、200克速写纸

这栋建筑是由一座老工业建筑改造而成，如今它成了宏伟而卓越的艺术空间。

TIPS

"手绘中的背景很重要。在这幅作品中，建筑固然重要，但其旁边的公路同样重要。画面中，这两者仿佛会在远处交汇。"

——爱德华多·迪·克莱里克

作品：国民议会大厦 / **地点：**阿根廷布宜诺斯艾利斯 / **创作时长：**50分钟 / **规格：**42×13厘米 / **工具&材料：**永久性黑色马克笔、水彩、200克速写纸

阿根廷国民议会大厦坐落在布宜诺斯艾利斯五月大道西侧，它建于1898年—1906年。

TIPS

"绘制鸟瞰图是比较困难的。我站在100米高的巴洛罗大厦上，尝试从这个角度描绘国民议会大厦，所有的线条在背景中显得格外突出。"

——爱德华多·迪·克莱里克

SKETCHING THE UNSEEN, THE PLACES WE PASS EVERY DAY.

尝试描绘那些我们每天都经过却被人忽略的地方。

艺术家：爱德华·M.赫夫（Edward M. Huff）

爱德华·M.赫夫出生在美国南加州，在伊利诺伊中部长大，后来到了罗德岛。他一直从事设计工作，自有记忆以来便开始手绘。他和妻子每年都会同朋友一起穿越大西洋。他的作品着重描绘了人们在日常生活中容易忽略的场景。

您在手绘时通常使用哪些工具和材料？

我主要使用纤维笔尖钢笔，如Micron或Pitt针管笔，有时也会选择从药店购买极细的针管笔。另外，我通常使用300克/平方米的水彩纸（热压或冷压处理）、Moleskin水彩速写本和Stillman & Birn Delta速写本。我也会随身携带一小盒水彩和两支画笔。所有这些都能装在我的兜里。

您眼中的城市是什么样子的？

我居住在罗德岛（美国），每天通勤从岛的一边到另一边。我大部分的手绘作品都是在每天工作前创作的，因此大部分作品的主题都来自通勤旅程的两端。普罗维登斯拥有丰富的自然风光、悠久的历史和英式传统建筑；霍普瓦利（通勤的另一端）是安静的小山村，置身其中仿佛回到一个世纪以前，这里给我提供了丰富的创作题材。

摄影：爱德华·M.赫夫

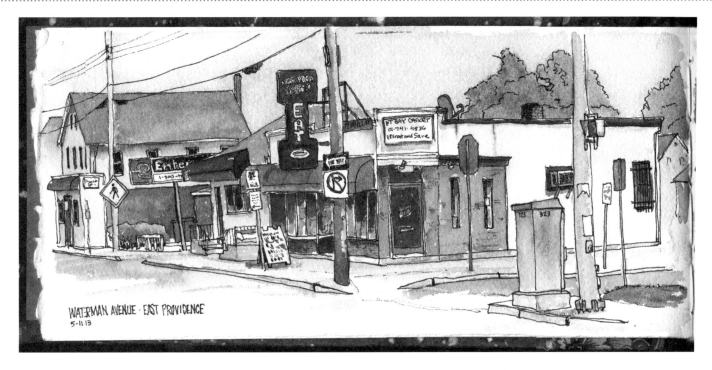

作品：沃特曼大道 / **地点：**美国普罗维登斯 / **创作时长：**1.6小时 / **规格：**5×10厘米 / **工具&材料：** Pitt XS型号钢笔、水彩、300克/平方米冷压速写纸（手工制作的速写本）

画面描绘了普罗维登斯东部的一个住宅区。在绘制这幅作品时，一位老者普问手绘者为何选择这个场景，他的回答是"因为还没有人描绘过这里"。这种场景很寻常，人们每天开车经过，却将其忽略了。

TIPS

"我喜欢城市里的路牌、街灯及所有在人行道上能看到的事物。在这幅作品中，我在前景中描绘了这些景观，尝试通过使用大量的色彩营造出城市的喧嚣。"

——爱德华·M.赫夫

作品：吊车 / **地点：**美国普罗维登斯 / **创作时长：**1.25小时 / **规格：**5×8厘米 / **工具&材料：** Pitt XS型号钢笔、水彩、Moleskin速写本

这里邻近手绘者的家，因此他经常过来。他喜欢站在这里沿着小河向北看风景，试图在作品中呈现出河岸上成排排列的驳船。

TIPS

"吊车停放在一处狭小的地方，在这幅作品中我试图通过细节的叠加来诠释这一场景。另外，我习惯使用描边，以帮助观者更好地关注主题。"

——爱德华·M.赫夫

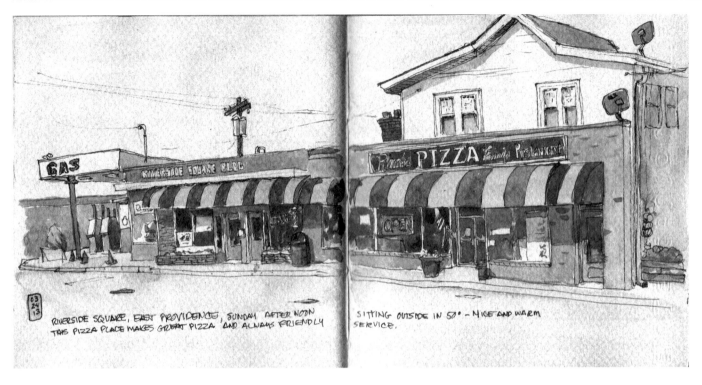

作品： 河岸广场 / **地点：** 美国普罗维登斯 / **创作时长：** 1.3小时 / **规格：** 5×10厘米 / **工具&材料：** Sharpie针管笔、水彩、Canson速写纸

服务于当地社区的这些小商铺通常不被人关注。手绘者乐于以这些场景为主题，从而表现出社区的特色。Rhodes比萨店是一家很好的午餐馆。

TIPS

"跨页作品的成功归功于细节和对比性的描绘。我在坐下来开始创作的一瞬间，就感觉到要运用色彩和长视角来描绘店面。实际上，在进行彩色渲染之前，我已经用墨水完成了整幅作品。"

——爱德华·M.赫夫

作品： 溪木镇酒店 / **地点：** 美国怀俄明州 / **创作时长：** 1小时 / **规格：** 5×8厘米 / **工具&材料：** Pitt XS钢笔、水彩、Stillman & Birn Delta系列水彩速写本

手绘者非常喜欢位于怀俄明州的这一建筑群，因为它们具有相同的特性。建筑群坐落在十字路口，开阔的曲线造型为手绘者提供了良好的视角。他在创作时，一位妇人向他讲述了当地的民间历史。其实，在画画时偶遇他人往往会得到很大的帮助。

TIPS

"我在手绘时，选取了在建筑群稍下方的有利位置向上仰视，这样的视角能够营造出房屋逐渐消失的过程。我不断地后退，而且细节描绘越来越少。"

——爱德华·M.赫夫

NICK·A·NEE'S·PROVIDENCE

作品：Nick-A-Nees小酒馆／**地点：**美国普罗维登斯／**创作时长：**1.5小时／**规格：**5×10厘米／**工具&材料：**Pitt XS型号钢笔、水彩、300克/平方米冷压速写纸（手工制作的速写本）

Nick-A-Nees是度过周五夜晚的最佳场所，这里有全州最好的自动点唱机。毋庸置疑，这里是新英格兰地区最好的小酒馆之一。手绘者在5月一个周日的清晨绘制了这幅作品。

TIPS

"寻找到一个有利的视角去手绘，对作品的成功起到关键的作用。我来回走动，最终选择了这个视角。我非常喜欢不断重复的标识、柱子和其他一些元素。"

——爱德华·M.赫夫

The Remnant Shop, Hope Valley

DAY 36

作品：残存的店铺／**地点：**美国霍普金顿／**创作时长：**1.25小时／**规格：**5×8厘米／**工具&材料：**Pitt钢笔、Moleskin水彩速写本

手绘者非常钟爱新英格兰地区的老建筑。画面中这座老旧的工厂被改造成了布店。他在8月一个周日的清晨完成了这幅作品。

TIPS

"我坐在离地面很近的一个小凳子上描绘这一场景，因此所有的元素都被放大了。也正是因为这样的视角，我事先的规划直接泡汤了。"

——爱德华·M.赫夫

SKETCHING DOESN'T NEED TO BE PRECISE; IT'S TO CAPTURE WHAT WE FEEL OR THE IMPRESSION OF PLACES.

手绘无需十分精确，但需要我们捕捉对所描绘事物的感觉或印象。

摄影：查诺特·王普查卡恩

艺术家：查诺特·王普查卡恩
（Chanont Wangpuchakane）

查诺特在年轻时就对手绘表现出浓厚的兴趣。他毕业于航空航天工程大学，曾做过机械设计师，还取得了室内设计的学位，并从事相关兼职。自从加入泰国手绘者团队之后，他对现场手绘深深痴迷。他随身携带手绘工具，随时随地进行创作，主要运用墨水和水彩手绘。

您在手绘时通常使用哪些工具和材料？

我通常使用墨水和水彩进行创作。绘制线稿时，我会使用包尖或普通钢笔；绘制彩色作品时，我会使用水彩。其实，速写本（纸）的选择也非常重要，我大多使用克重最小为150克/平方米的速写纸。另外，细纹纸更适合钢笔手绘。

您眼中的城市是什么样子的？

作为泰国的首都，曼谷是一座繁忙的城市。现代建筑在城区巍然耸立，然而在老城依旧可以看到许多老建筑。曼谷是多种文化和宗教汇集的城市——在同一区，你可以看到佛教寺院、天主教堂和清真寺。

作品： 里多运河 / **地点：** 加拿大渥太华 / **创作时长：** 20分钟 / **规格：** 14×21厘米 / **工具&材料：** Lamy Safari M号钢笔、Noodler墨水、Sennelier水彩、彩色粉笔、300克/平方米Canson Montval纸

在创作这幅作品时，渥太华的温度在0℃至1℃之间——手绘者站在桥上快速地描绘。完成之后5至10分钟，他开始上色，随后走到一个稍微暖和的地方。使用水彩上色之后，他还使用彩色粉笔随意描绘，突出亮点。

TIPS

"彩色粉笔可以说是一种秘密武器，可以用来恢复暗区的亮度。要确保水彩干了之后才能使用彩色粉笔。"

—— 查诺特·王普查卡恩

作品： 未来公园商场 / **地点：** 泰国曼谷 / **创作时长：** 20分钟 / **规格：** 17.5×24厘米 / **工具&材料：** Lamy Safari M号钢笔、Noodler墨水、Sennelier水彩、彩色粉笔、150克/平方米Archimycheal速写本

彩色粉笔是一种方便、快捷的工具，黑粉笔非常适合绘制暗区。当然，一定要记住不要把白色区域忽略了。

TIPS

"保留残余的笔触能营造一种未完成的感觉，但整个画面会让人感到振奋。"

—— 查诺特·王普查卡恩

Vsañhú, 15-SEP-2013.

作品: 华兰峰火车站（Hua-Lam-Pong Station）/ **地点:** 泰国曼谷 / **创作时长:** 30分钟 / **规格:** 12×16厘米 / **工具&材料:** Hero578包尖钢笔、Noodler墨水、Sennelier水彩、300克/平方米Fabriano速写纸

该火车站本身是一栋很漂亮的建筑，手绘者使用少许线条描绘形状和最暗的色调，然后添加几笔水彩完成整幅画。他最初的理念就是刻画建筑的造型。

TIPS

"我们在用墨水创作的时候，可以使用色彩或其他材料，但记住一定不要过度渲染。"

——查诺特·王普查卡恩

作品: Marguerite Bourgeoys Museum / **地点:** 加拿大蒙特利尔 / **创作时长:** 30分钟 / **规格:** 24×17.5厘米 / **工具&材料:** 铅笔、Sennelier水彩、300克/平方米Canson Montval速写纸

手绘者在创作这幅作品的那天，蒙特利尔非常冷，墨水都不能流畅地流出来，因此他选用铅笔来描绘，然后再用水彩渲染。另外，在这样的天气，水干得很快，所以干刷是一个很好的选择，可以用来呈现建筑的细节。

TIPS

"干刷非常适于渲染已经晾干的水彩画，可以更好地诠释建筑的细节。"

——查诺特·王普查卡恩

作品：加拿大国会大厦／**地点**：加拿大渥太华／**创作时长**：20分钟／**规格**：14×21厘米／**工具&材料**：Lamy Safari M号钢笔、Noodler墨水、Sennelier水彩、300克/平方米Canson Montval速写纸

国会大厦很高，所以不能完整地在速写纸上描绘出来。即便如此，在建筑外面手绘真的是非常令人兴奋的事情。手绘者采用干画法，尝试在画面中将所有的色彩融合在一起。

TIPS

"手绘不需要十分精确，但需要我们捕捉对所描绘事物的感觉或印象。"

——查诺特·王普查卡恩

作品：红屋顶／**地点**：泰国曼谷／**创作时长**：15分钟／**规格**：24×17.5厘米／**工具&材料**：Lamy Safari书法钢笔、Noodler墨水、Sennelier水彩、150克/平方米Archimycheal速写本

这幅作品是手绘者在下雨前快速完成的，主要理念是呈现红屋顶的结构。三角形和杂乱的笔触打造了深色调，与蓝色的天空形成对比。

TIPS

"书法钢笔的笔尖非常有用。记得要旋转钢笔，这样能够绘制出各种样式的线条。"

——查诺特·王普查卡恩

TIPS

"直接从颜料管中蘸取白色颜料并添加在高光区域不失为一个好主意。"

——查诺特·王普查卡恩

作品：圣布里吉德艺术中心 / **地点：**加拿大渥太华 / **创作时长：**20分钟 / **规格：**21×14厘米 / **工具&材料：**
Lamy Safari M号钢笔、Noodler墨水、Sennelier水彩、300克/平方米Canson Montval速写纸

手绘者创作这幅作品的那天，天空非常晴朗。他使用墨水快速描绘，不仅注重整体形状，也对窗户和门的
位置给予格外的关注。在这幅画中，比例最为重要。另外，手绘者使用了干画法上色。

作品： 繁忙的乔治大街 / **地点：** 加拿大渥太华 / **创作时长：** 30分钟 / **规格：**
14×21厘米 / **工具&材料：** Lamy Safari M号钢笔、Noodler墨水、Sennelier水
彩、300克/平方米Canson Montval速写纸

这幅作品的上色理念是突出天空的蓝色，以此在视觉上降低画面的温度（建筑
和地面用暖色渲染），因此手绘者使用干画法让水彩在"天空"上自由流淌。

TIPS

"干画法可以达到意想不到的效果，你可以适当
进行尝试。"

——查诺特·王普查卡恩

作品： 小巷 / **地点：** 泰国曼谷 / **创作时长：** 10分钟 / **规格：** 14.5×18厘米 / **工具&**
材料： Lamy Safari M号钢笔、Noodler墨水、Sennelier水彩、彩色粉笔、150克
/平方米Bockingford速写纸

手绘者快速用线条描绘，用水彩刻画特定的瞬间场景，随后使用彩色粉笔营
造了画面的多样性。

TIPS

"手绘时可以随意将各种材料结合。彩色粉笔和
水彩真的是绝配。"

——查诺特·王普查卡恩

I LIKE THE PRECISION AND DID NOT HESITATE TO CORRECT WHEN NECESSARY.

我喜欢精确，所以会毫不犹豫地对手绘作品进行修改。

艺术家：丹尼尔·卡斯特罗·阿朗索
（Daniel Castro Alonso）

丹尼尔是一名建筑师和插画家，出生在乌拉圭，在巴塞罗那圣柏伊生活了8年。他毕业于乌拉圭马尔多纳多视觉艺术学校，并参加了美术教师课程培训，将自己的专业与教学、插画结合在一起。

您在手绘时通常使用哪些工具和材料？

我主要使用H和HB型号的铅笔，用于突出线条或营造纹理。有时也会使用钢笔，尤其是在铅笔不能描绘出对比度的时候。此外，橡皮是最常用的，因为我喜欢精确感，稍有错误就会毫不犹豫地进行修改。

您眼中的城市是什么样子的？

毋庸置疑，从建筑方面来讲，巴塞罗那最著名的便是安东尼奥·高迪（Antoni Gaudi）和现代主义。当然，当代建筑也不乏优秀的案例，尤其是从20世纪50年代开始。我们不能忽视现代主义，这是巴塞罗那和加泰罗尼亚不可或缺的一部分，也是体现国家身份的符号。我在这里举两个例子——建筑师约瑟夫·玛丽亚·茹若尔［（Josep Maria Jujol）知名度不是很高，但是一位非常重要的建筑师］的作品：Creu塔和Can Negre。这两座建筑位于巴塞罗那的圣琼德斯帕。

摄影： 丹尼尔·卡斯特罗·阿朗索

EDIFICIO MITRE
ARQ. FRANCISCO BARBA CORSINI
RDA. GRAL. MITRE 3-13

作品： 米特大厦 / **地点：** 西班牙巴塞罗那 / **创作时长：** 1.5小时 / **规格：** 21.5×27.5厘米 / **工具&材料：** 铅笔、水彩、速写纸

米特大厦是国际风格建筑的典范，成功地解决了小空间利用的问题。这是巴塞罗那第一个拥有自给自足的房间和中央公共服务的建筑。

TIPS

"墙面和彩色玻璃立面的强烈对比有助于人们更好地了解这栋建筑。"

——丹尼尔·卡斯特罗·阿朗索

作品: 天然气总部大厦 / **地点:** 西班牙巴塞罗那 / **创作时长:** 1.5小时 / **规格:** 30×21厘米 / **工具&材料:** 铅笔、水彩、速写纸

天然气总部大厦由三栋建筑构成,外观采用全玻璃打造。这一建筑的所在地在160年前曾建造了该国的第一个天然气工厂。

TIPS

"画面中,玻璃墙上的反光效果有助于观者更好地理解建筑的形式。"

——丹尼尔·卡斯特罗·阿朗索

作品：哈里·沃克大厦和鸽子 / **地点：**西班牙巴塞罗那 / **创作时长：**1.5小时 / **规格：**21.5×27.5厘米 / **工具&材料：**铅笔、水彩、速写纸

哈里·沃克大厦（建于1959年）出自建筑师弗朗西斯·米特詹斯（Francesc Mitjans）之手，是20世纪50年代加泰罗尼亚风格建筑复兴的代表。手绘者坐在特拉德雷斯大道中央的长廊上绘制了这幅作品，成群的鸽子栖息在电线上，不禁让人想到希区柯克（Hitchcock）执导的电影《群鸟》。手绘者快速完成了创作，然后去寻找一个休闲的环境放松一下。

TIPS

"在几乎快要完成的时候，建筑淹没在了线条中。我立即使用钢笔描绘，勾勒对比度。"

——丹尼尔·卡斯特罗·阿朗索

作品：17世纪建筑Can Negre / **地点：**西班牙巴塞罗那 / **创作时长：**1.5小时 / **规格：**21×30厘米 / **工具&材料：**铅笔、水彩、速写纸

这栋建筑由17世纪的农舍改造而成。主立面构成建筑的重要元素，起伏的线条营造出巴洛克风格，而这种不对称性并没有打破建筑整体的和谐。手绘者非常欣赏建筑师茹若尔的天赋，他站在这座大楼前感到非常兴奋。

TIPS

"起伏而不对称的外观确定了建筑的样式。"

——丹尼尔·卡斯特罗·阿朗索

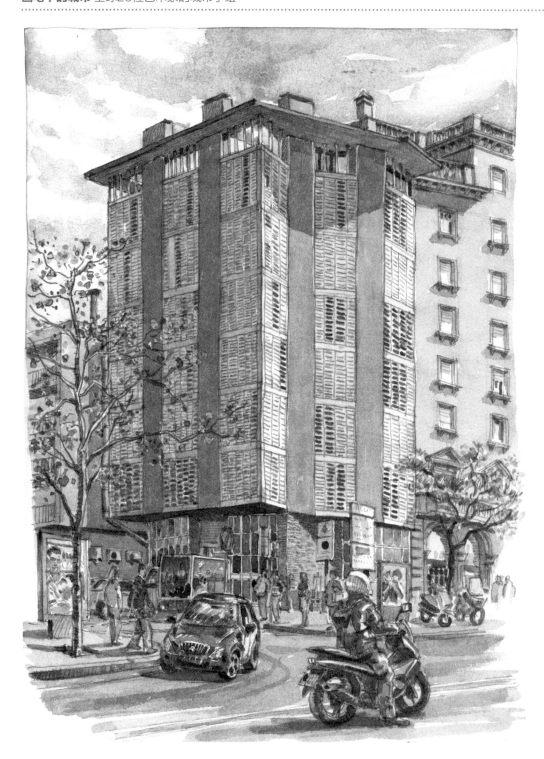

作品：海滨住宅 / **地点：**西班牙巴塞罗那 / **创作时长：**1.5小时 / **规格：**29×21厘米 / **工具&材料：**铅笔、水彩、速写纸

这座建筑的外观非常简约低调，正面交替出现的橘色垂直线条赋予其独特的节奏感，并突出了主体结构。

TIPS

"屋檐投射的影子使得立面的层次更加清晰。"

——丹尼尔·卡斯特罗·阿朗索

作品：托雷乌尔吉奥纳 / **地点：**西班牙巴塞罗那 / **创作时长：**1.5小时 / **规格：**27.5×21.5厘米 / **工具&材料：**铅笔、水彩、纸

这栋建筑建于20世纪70年代，是卡斯特利亚纳（Castellana）的作品之一。这是一座免税大楼，八角造型结构，从整体环境中脱颖而出，又与相邻的建筑物交相辉映。

TIPS

"我重点刻画建筑物的细节，使其从周围较矮的建筑物、树木和车辆中凸显出来。"

——丹尼尔·卡斯特罗·阿朗索

作品： Torre de la Creu / **地点：** 西班牙巴塞罗那 / **创作时长：** 1.5小时 / **规格：** 28×21厘米 / **工具&材料：** 铅笔、水彩、速写纸

这个建筑通常被称为"鸡蛋塔"，建于1913年，是Jujol在圣琼德斯坡地区完成的第一个作品。整体建筑规模宏伟，由不同高度的圆柱形塔楼构成，玻璃穹顶运用著名的陶瓷美学工艺trencadís（马赛克的一种，运用陶瓷碎片拼成图案）而打造。多样的屋顶结构构造出一条迷宫般的路径，彰显了典型的高迪建筑风格。

TIPS

"光线使穹顶的造型更加突出，也有助于观者更好地理解整体结构。"

——丹尼尔·卡斯特罗·阿朗索

作品： 设计博物馆 / **地点：** 西班牙巴塞罗那 / **创作时长：** 1.5小时 / **规格：** 28×21 厘米 / **工具&材料：** 铅笔、水彩、速写纸

该博物馆由两部分构成：地下（因广场重建而引起的水平线下沉）和地上。其中地下部分的表面采用天然草坪铺设，形成了一个公共广场。人工湖将不同的楼层连接起来，建筑及周围空间都是经过精心设计的。这幅作品是在一个阴冷而有大风的春日里绘制的。

TIPS

"地上的结构格外繁复，与地下室的水平屋顶和平静的湖面形成了强烈的对比。"

——丹尼尔·卡斯特罗·阿朗索

I ALWAYS CARRY A SKETCHBOOK AND A CAMERA AROUND WITH ME.

我会随身携带速写本和照相机。

您在手绘时通常使用哪些工具和材料？

我会随身携带速写本和照相机，如果没有时间在现场创作，我会先拍下照片，然后在手绘时作为参考。我通常会使用铅笔绘制线稿，然后使用钢笔重新描画并完善细节。

您眼中的城市是什么样子的？

在环游欧洲时，我最喜欢波西塔诺。这里的建筑有着瓷砖屋顶和独特的几何结构；美丽的花朵和葱翠的树木与建在阿玛尔菲海岸峭壁上的白色灰泥建筑形成了鲜明的对比。

艺术家：维基·金姆（Vicky Kim）

邮箱：sohyung89@gmail.com
网站：www.vickykim.com

维基·金姆来自温哥华，是一名插画家和平面设计师，如今从事自由职业，并同多个公司合作，根据需求为这些公司创作插画。维基·金姆的线条画拥有自己的风格，自成一派。维基·金姆喜欢将传统绘画方法与现代工具结合，以不断强化自己的绘画技巧和创新意识。

摄影：斯卡利

作品：首尔 / **地点：**韩国首尔 / **创作时长：**1天 / **规格：** 8.5×11英寸（1英寸=2.54厘米）/ **工具&材料：**钢笔

高楼后面的小胡同和房子让手绘者想起了自己在首尔生活的时光。手绘者在周围散步时创作了这幅作品，以每天经过的一条小路为主题。

TIPS

"描绘那些自己熟悉的地方，然后看自己如何重新诠释对这里的感觉，是一件非常有趣的事情。"

——维基·金姆

作品：汉江大桥 / **地点：**韩国首尔 / **创作时长：**2.5小时 / **规格：** 8.5×11英寸 / **工具&材料：**钢笔

在过去的一年手绘者环游了欧洲和亚洲，而这幅作品则是旅游手绘计划的一部分。手绘者在汉江大桥上遭遇了交通阻塞，受到桥梁精细建筑结构的启发，于是描绘了这里的场景。

TIPS

"在现场创作时，我必须确定并快速捕捉到桥梁的主要细节。"

——维基·金姆

作品: 釜山 / **地点:** 韩国釜山 / **创作时长:** 4小时 / **规格:** 9.5×14英寸 / **工具&材料:** 钢笔

这幅作品是专门为釜山而创作的,旨在描绘釜山地区的全景。

TIPS

"手绘此图的主要目的是找到这座城市的不同特色,然后创作出能够代表釜山的全景。"

——维基·金姆

作品: 耶鲁镇 / **地点:** 加拿大温哥华 / **创作时长:** 2天 / **规格:** 12×9.5英寸 / **工具&材料:** 钢笔

手绘者坐在一家经常去的咖啡店的靠窗位置绘制了这幅作品。在这里可以看到手绘者最喜欢的奥珀斯酒店。该酒店位于温哥华文化遗产保护区,是一个文物。

TIPS

"画线时不使用尺子似乎有一定的困难,但可以赋予作品不同的特色。"

——维基·金姆

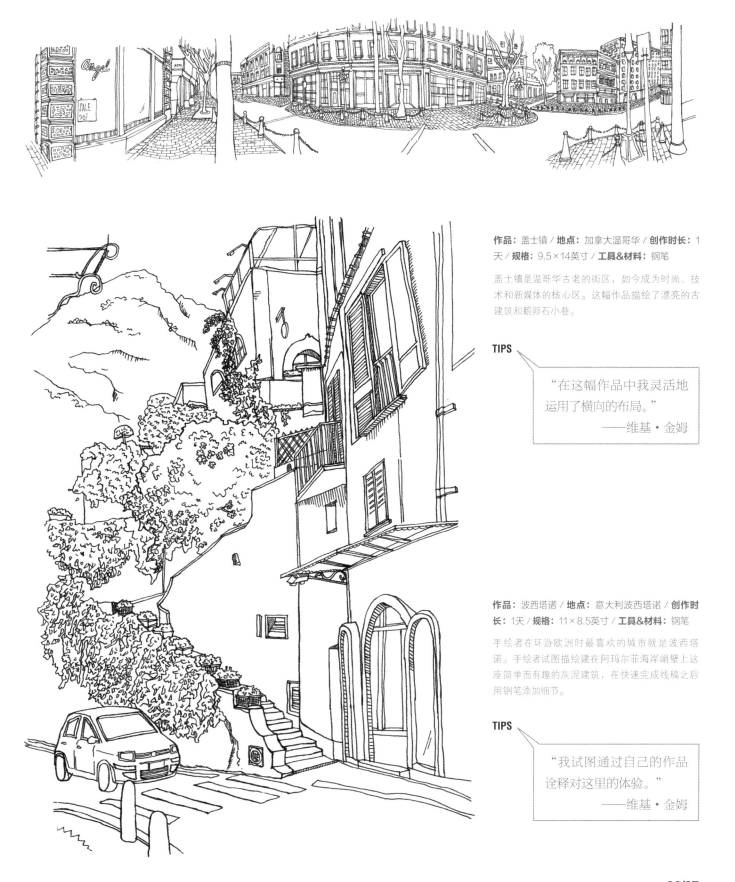

作品：盖士镇／地点：加拿大温哥华／**创作时长**：1天／**规格**：9.5×14英寸／**工具&材料**：钢笔

盖士镇是温哥华古老的街区，如今成为时尚、技术和新媒体的核心区。这幅作品描绘了漂亮的古建筑和鹅卵石小巷。

TIPS

"在这幅作品中我灵活地运用了横向的布局。"

——维基·金姆

作品：波西塔诺／地点：意大利波西塔诺／**创作时长**：1天／**规格**：11×8.5英寸／**工具&材料**：钢笔

手绘者在环游欧洲时最喜欢的城市就是波西塔诺。手绘者试图描绘建在阿玛尔菲海岸峭壁上这座简单而有趣的灰泥建筑，在快速完成线稿之后用钢笔添加细节。

TIPS

"我试图通过自己的作品诠释对这里的体验。"

——维基·金姆

OUR DRAWING SHOULD FOCUS ON THE MOST SIGNIFICANT PART OF THE THEME OR WHAT WE WANT TO SHOW IN OUR DRAWING.

我们的作品应该关注主题中最重要的部分或者我们想要通过画面呈现的东西。

艺术家：朱利安・奥杜拉・马丁
（Julián Ardura Martín，简称ArdurA）

朱利安曾在马德里、巴塞罗那、托莱多和拉科鲁尼亚生活过，精通计算机管理和平面设计中的网页设计。他自学成才，参加过很多培训课程，如插画、城市设计、图形艺术、美术、平面设计、排版和字体设计、书籍设计、笔记本设计等。他是"全球手绘达人"的成员。

您在手绘时通常使用哪些工具和材料？

我通常使用Staedtler Mars Lumograph和Derwent铅笔、自动铅笔或木工铅笔，也会尝试使用钢笔。发现一种新的而且非常适合创作的材料是非常有益的。当然，我也常用Sakura Pigma Micron钢笔、Staedtler针管笔、Uni Pin针管笔（笔芯型号从0.01到0.8）。速写本方面，我喜欢尝试新的笔记本或者速写纸，选择适合不同作品的纸张。

您眼中的城市是什么样子的？

托莱多是一个神奇的城市，是世界文化遗址。在这里，每天都有独特的光线。其他一些我描绘的城市，如马德里和拉科鲁尼亚，依旧保持着原有的模样，当然这也需要未来几代人的维护。

摄影：朱利安・奥杜拉・马丁

TOLEDO - CALLE REYES CATÓLICOS DESDE LA CAFETERIA BAR SCORPIONS

作品： 从Scorpions酒吧望向圣胡安皇家修道院 / **地点：** 西班牙托莱多 / **创作时长：** 20小时 / **规格：** 21.5×27.5厘米 / **工具&材料：** Pigma Microm钢笔、水彩

从酒吧里可以看到右侧的圣胡安修道院建筑群。这幅作品面临的最大挑战是要描绘出丰富的色彩和动感。

TIPS

"如果时间充裕，沿着这里闲逛或从不同的角度来参观会非常有趣。这样你会找到一个非常适合作为作品主题的角度，从而让画面更加令人满意。"

——朱利安·奥杜拉·马丁

作品：圣玛利亚大街街角 / **地点：**西班牙拉科鲁尼亚 / **创作时长：**20小时 / **规格：**14×43厘米 / **工具&材料：**Staedtler针管笔、水彩

蠹立着圣玛利亚历史纪念碑的广场在附近的市场和住宅的衬托下，拥有和谐的色彩和绝佳的光线。当然，如果恰巧遇上多云或雨天，这里的景色会异常美丽，格外适合被描绘出来。

TIPS

"对于一些建筑来说，其独特的色彩非常适合作画。在这幅作品中，不同的色彩相得益彰，营造出和谐而迷人的场景。有时，石头建筑和色彩艳丽的建筑之间的对比往往能产生令人振奋的效果。"
——朱利安·奥杜拉·马丁

作品：蓬特韦德拉广场 / **地点：**西班牙拉科鲁尼亚 / **创作时长：**20小时 / **规格：**21×18厘米 / **工具&材料：**Staedtler针管笔、水彩

有时在一个规划项目中，建筑可能不是主要的结构，它们会打破广场应有的和谐感。但对于当地百姓来说，建筑确实是非常重要的。

TIPS

"我们在创作城市手绘作品时，除了要捕捉特定的时刻，也要关注周围的环境，尤其是占据画面主要部分的建筑，这会让整幅作品更加与众不同。"
——朱利安·奥杜拉·马丁

作品：Mendigorria大街 / 地点：西班牙托莱多 / 创作时长：20小时 / 规格：14×21.5厘米 / 工具&材料：Pigma Microm钢笔、水彩

在托莱多有很多摩尔风格的建筑，其砖墙和不同形状的建筑反射的光线给人带来很大的启发。这栋建筑坐落在城区主路附近，邻近游客接待中心。这样的建筑在托莱多随处可见，造型各异、功能多样，构成了这座城市的代表结构。

TIPS

"我们的作品应关注主题中最重要的部分或者想要通过画面呈现的东西。有时，我们在创作时会一手拿着速写本，一手托着水彩盒，非常专注。"
——朱利安·奥杜拉·马丁

作品：阿尔坎塔拉桥 / 地点：西班牙托莱多 / 创作时长：20小时 / 规格：14×21.5厘米 / 工具&材料：Pigma Microm钢笔、水彩

旅行者和艺术家们会坐火车来到托莱多，然后步行到老城中心找到这座桥。天然而迷人的景观让人流连忘返。从这里可以看到塔古斯河的绝佳景色。手绘者可以考虑将周围的建筑画入作品中。

TIPS

"想要快速地完成一幅手绘作品，必须选择与创作技法匹配的工具，并找到恰当的配色方式，同时确保颜料不能水溶太快。当然这一切完全取决于你想要的效果。"
——朱利安·奥杜拉·马丁

作品：圣马丁桥 / 地点：西班牙托莱多 / 创作时长：20小时 / 规格：14×21.5厘米 / 工具&材料：Pigma Microm钢笔、水彩

这座桥是旅行者到达这里时看到的景色之一。如果是参团旅游，就没有太多时间停留，所以要快速完成手绘。手绘者要选择恰当的角度和时间来创作，了解石头和整体环境反射光线的情况。从桥的两侧都能描绘出壮观的景象。

TIPS

"参团旅游时，由于时间的限制，所以必须快速完成作品，捕捉所看到的事物的主题，然后将其融合在一起。"

——朱利安·奥杜拉·马丁

作品：As Donas农场住宅 / 地点：西班牙拉戈 / 创作时长：20小时 / 规格：29.7×42厘米 / 工具&材料：Staedtler针管笔、水彩

传统加利西亚建筑同加利西亚镇的农舍拥有相同的特色。在作品中呈现这些特色也是非常有趣的事情，而通过农舍或工厂能够更好地了解每个城镇的特色。

TIPS

"这幅作品摒弃了我最初想要呈现的一些元素，只展示了加利西亚建筑的特色。"

——朱利安·奥杜拉·马丁

BETANZOS - IGREXA DA NOSA SEÑORA DO CAMIÑO   Arduit 2013

作品： 修道院 / **地点：** 西班牙拉科鲁尼亚 / **创作时长：** 20小时 / **规格：** 29.7×42厘米 / **工具&材料：** Staedtler针管笔、水彩

这家修道院位于贝坦索斯的最高点，在这里可以看到整个城市的美丽风光。在阳光明媚的日子，太阳照射在裸露的石头墙壁上，呈现出了建筑特有的美感。

TIPS

"我们可以摒弃那些破坏画面和谐的元素。在这幅作品中，我将地面上的'STOP'（停车）删除了，因为实在不喜欢这一元素给画面带来的影响。"

——朱利安·奥杜拉·马丁

作品： 修复的古建筑 / **地点：** 西班牙托莱多 / **创作时长：** 20小时 / **规格：** 20.8×29.5厘米 / **工具&材料：** 黑墨汁、水彩

这栋摩尔建筑是位于托莱多的古老武器工厂的一部分。手绘者被其独特的形状、色彩、所处的位置和魅力深深地吸引。

TIPS

"找到合适的角度去画画是很重要的。如果在夏日，最好是在阴凉处；如果在雨天，最好保证不要淋湿。但有些时候，几滴雨点也许会给画面增添别样的效果。"

——朱利安·奥杜拉·马丁

SODO - (A CORUÑA) - VISTO DEL PUERTO DESDE EL BARRIO FONTON

作品： 海港风光 / **地点：** 西班牙拉科鲁尼亚 / **创作时长：** 20小时 / **规格：** 32×42厘米 / **工具&材料：** 黑墨汁、水彩

这幅作品是在一个较高的角度描绘的，因此呈现了整个海港的景色。真正的挑战是从Fontán社区描绘这里的壮丽景象。

TIPS

"站在较高点进行手绘所达到的效果是站在街道上无法获得的，这样的画面让人更加满意。"

——朱利安·奥杜拉·马丁

A CORUÑA (VISTA DESDE EL PUERTO PESQUERO DE SADO EN BAJAMAR)

作品：渔村风光 / **地点：**西班牙拉科鲁尼亚 / **创作时长：**20小时 / **规格：**19×28厘米 / **工具&材料：**Staedtler针管笔、水彩

上午，渔船准备出发。潮汐褪去，小船逐渐下降，渔村的小屋成了主角。

TIPS

"对于城市手绘者来说，描绘渔港通常是一个巨大的挑战。在这里处处都是风景，非常适合手绘。Sada渔港拥有所有引人注目的元素。"

——朱利安·奥杜拉·马丁

IF YOU DO NOT TAKE CARE OF YOUR EYES, YOU CANNOT DRAW.

要好好保护自己的眼睛，否则就不能画画了。

艺术家：伯纳特·莫雷诺（Bernat Moreno）

伯纳特·莫雷诺出生在非洲大陆附近的特内里费岛上，他曾在西班牙瓦伦西亚学习艺术设计。大学毕业之后，他参加了"自我学习"课程培训。2013年，他编辑出版了名为《伊比萨》的纪念册，正在准备下一本《瓦伦西亚》。想了解更多，请登录网站www.bizarriaesspumosa.com。

您在手绘时通常使用哪些工具和材料？

我通常使用较少的工具，主要有两个原因：第一，我通常在街道上手绘，所以轻装上阵比较方便；第二，太多的工具会混淆我的思绪。在我的背包里，通常只有一支钢笔或铅笔、一个速写本、一块橡皮和一把椅子，这已经足够了。

您眼中的城市是什么样子的？

伊比萨是我描绘较多的城市。它是地中海上的一个小岛，拥有秀丽的海滩和海湾，还有迷人的建筑和很多有趣的地方。我非常喜欢这里的酒吧，每一家的装修风格都很可爱。

摄影：伯纳特·莫雷诺

作品：塞斯·菲盖雷塔斯海水浴场 / 地点：西班牙伊比萨 / 创作时长：3小时 / 规格：13×21厘米 / 工具&材料：水彩、Rotring 0.2针管笔、速写纸

在室外手绘最大的好处就是可以一边工作一边享受户外的风光（风景、人群、阳光等）。大街上是非常理想的工作地点。这里是伊比萨有限的几个海滩之一，非常值得推荐。

TIPS

"我喜欢不断重复带来的效果。在这幅作品中，背景中的建筑图案非常有趣。"

——伯纳特·莫雷诺

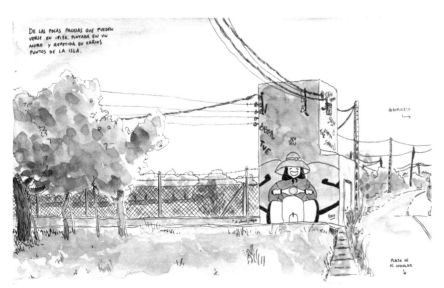

作品：乡村黑衣妇女 / 地点：西班牙圣约瑟 / 创作时长：3小时 / 规格：13×21厘米 / 工具&材料：水彩、Rotring 0.2针管笔、速写纸

Pagesa，意为来自乡村的黑衣妇女，是伊比萨的重要特征之一。在不到20年的时间里，这一形象完全消失了。如今，或许只有在当地的聚会或者是涂鸦上才能看到。

TIPS

"画面上没有什么花哨的装饰，画在墙上的黑衣妇女形象已具有足够的象征性，它给整幅作品带来很大的影响。"

——伯纳特·莫雷诺

作品：圣约瑟教堂 / **地点：**西班牙圣约瑟 / **创作时长：**3小时 / **规格：**13×21厘米 / **工具&材料：**水彩、Rotring 0.2针管笔、速写纸

手绘者曾在伊比萨度过几年的童年生活，而这座教堂正是他接受洗礼的地方，所以他对此有着特殊的感情。教堂对面是一家酒吧，他通常在周日的时候光顾。

TIPS

"我在手绘的时候不会考虑很多，只是单纯地画图。所以，让我去诠释过程或者给出一些建议很难。只有一点，我觉得非常有用，那就是要好好保护自己的眼睛，要不然就不能画画了。"

——伯纳特·莫雷诺

作品：Racó Verd室外咖啡厅 / **地点：**西班牙圣约瑟 / **创作时长：**3小时 / **规格：**13×21厘米 / **工具&材料：**水彩、Rotring 0.2针管笔、速写纸

手绘者热衷于咖啡厅和酒吧。无论去哪里，他都会去寻找咖啡厅和酒吧（也会收集宣传页和名片）。这里是伊比萨最迷人的室外咖啡厅，供应很美味的咖啡，当然还有无线网络。

TIPS

"这幅作品有些失败。但有趣的是，画面上描绘了伊比萨我最喜欢的地方。"

——伯纳特·莫雷诺

作品：达特维拉老城 / **地点：**西班牙伊比萨 / **创作时长：**3小时 / **规格：**13×21厘米 / **工具&材料：**水彩、Rotring 0.2针管笔、速写纸

这幅作品描绘的是伊比萨有限的几个海滩之一，风光旖旎，景色宜人。

作品：Es Canar海滩 / **地点：**西班牙圣埃乌拉利亚 / **创作时长：**3小时 / **规格：**13×21厘米 / **工具&材料：**水彩、Rotring 0.2针管笔、速写纸

很多人会问画面中的那辆车是否真的在那里。当然，它真的存在。很庆幸有足够的时间完成这幅作品。这里是伊比萨最迷人的地方之一，画面左侧就是名为"Chirincana"的传奇酒吧。

TIPS

"这是我在伊比萨创作的第一幅作品。也许色彩运用不太恰当，但整体效果很好。"

——伯纳特·莫雷诺

TIPS

"这幅作品很成功。我创作了120幅关于伊比萨的作品，总有一些是成功的。最大的秘诀就是要具有足够的毅力。"

——伯纳特·莫雷诺

作品： EI KIOSKO酒吧 / **地点：** 西班牙瓦伦西亚 / **创作时长：** 3小时 / **规格：** 13×21厘米 / **工具&材料：** 水彩、Rotring 0.2针管笔、速写纸

这里有一些丑陋的酒吧，它们却具有迷人的魅力，画面中描绘的就是其中之一。手绘者在大街上创作的时候，通常会给自己买上一罐红牛，作为奖励。即使花很少的钱，也能找到乐趣。

TIPS

"手绘时最难的事情就是要找到漂亮或者有趣的事物。这个酒吧不够漂亮，却是典型西班牙风格的代表，这也是我要把它画出来的理由。"

——伯纳特·莫雷诺

作品： Mikalet建筑 / **地点：** 西班牙瓦伦西亚 / **创作时长：** 3小时 / **规格：** 13×21厘米 / **工具&材料：** 水彩、Rotring 0.2针管笔、速写纸

对于手绘者来说，描绘这种类型的建筑就是一种折磨。他没有绘制草图，在一个小空间内整合了上千种不同的创作方式。最后，他发现自己已经有些生气了。

TIPS

"对于我来说，最难的部分就是用少量的线条描绘巴洛克风格的建筑。通常，我会提前做几个小时的准备工作。"

——伯纳特·莫雷诺

作品：圣玛利亚大教堂／**地点**：西班牙巴塞罗那／**创作时长**：3小时／**规格**：17×29厘米／**工具&材料**：水彩、Rotring 0.2针管笔、速写纸

手绘者花了一个月的时间在巴塞罗那创作，而这一系列创作是从画面中描绘的场景开始的。他一边游览，一边尝试把作品卖给其他游客。

TIPS

"我不太擅长处理光影，所以有时会强迫自己突出光线的层次感。"

——伯纳特·莫雷诺

作品：公园广场／**地点**：西班牙伊比萨／**创作时长**：3小时／**规格**：13×21厘米／**工具&材料**：水彩、Rotring 0.2针管笔、速写纸

难以置信，在伊比萨中心区域会有这样的地方，在这里可以遇到很多小贩，画面中描绘的就是其中之一。这幅作品虽然没有什么不妥，但也不能说是一幅好的作品。

TIPS

"描绘酒吧等地方最难的部分就是要捕捉到四周的氛围。"

——伯纳特·莫雷诺

TO MARK THE MAJESTY OF A BUILDING, ONE OPTION IS TO DRAW DOWN UP, WHERE IS POSSIBLE.

若要呈现出建筑的庄严感，从低处描绘不失为一个好的选择。

艺术家：费利佩·G. 瓜达利克斯
（ Felipe G. Guadalix ）

费利佩来自马德里，是一位自学成才的手绘者，一直在马德里和坎塔布里亚两个城市生活。这里的建筑、海滨和灯塔是他选择居住在此的主要原因，他不断地将这些描绘出来。2012年，他荣获了孤独星球出版社举办的"旅行日记创作竞赛"的第一名。

您在手绘时通常使用哪些工具和材料？

我通常使用规格不超过A5的笔记本，除非有特殊创作需要，否则对纸张的材质和质量也没有特殊的要求。我通常在背包里放几本笔记本，用于不同的创作。有时，我也会选择散页速写本。我有不同的Winsor & Newton水彩盒（通常买管装水彩，然后将其放在盒子中，这样会节约很多成本）。此外，很多人会选择创作规模较大的作品，但那不是我的强项。

您眼中的城市是什么样子的？

桑提亚纳德玛是位于坎塔布里亚的一个中世纪风格的小镇，被选入"西班牙最美村落"。美丽的房屋和宫殿建筑是这里的瑰宝，被称为"学院教堂"，是罗马艺术的代表性建筑。

摄影：费利佩·G.瓜达利克斯

作品：桑提亚纳德玛小镇 / **地点：**西班牙桑提亚纳德玛 / **创作时长：**20分钟 / **规格：**16.5×23.5厘米 / **工具&材料：**墨水、水彩

广场位于小镇中心，这里的市政厅和其他一些建筑都非常适合描绘。手绘者曾多次描绘这里的场景，并将一直坚持下去。

TIPS

"在绘画时要选择合适的对象。在这幅作品中，警车和老建筑构成了强烈的对比。"

——费利佩·G. 瓜达利克斯

作品：桑提亚纳德玛学院教堂 / **地点：**西班牙桑提亚纳德玛 / **创作时长：**45分钟 / **规格：**16.5×23.5厘米 / **工具&材料：**墨水、水彩

在9世纪，这里建造了一个教堂。11世纪，教堂被改造成了修道院；12世纪被改建成学院派教堂。这座建筑是罗马风格的代表，1889年被作为国家纪念碑。

TIPS

"用细节简化建筑外观，我非常喜欢这样的方式。"

——费利佩·G. 瓜达利克斯

VISTA DE RIJEKA AL AMANECER (6.30h.)
DESDE LA PLANTA 12 DEL HOTEL NEBODER.

作品：杜布罗夫尼克城 / **地点：**克罗地亚杜布罗夫尼克城 / **创作时长：**1小时 / **规格：**29.5×21厘米 / **工具&材料：**墨水、水彩

杜布罗夫尼克位于克罗地亚南部达尔马提亚地区，它是一座港口城市，被誉为"亚德里亚海上明珠"。1979年，这里被列为世界文化遗产。1991年，在巴尔干半岛战争期间，这里几乎被完全损毁。如今，这里成为了重要的旅游城市。

TIPS

"如果天气炎热，或者有些累了，那么就找个地方小憩一下再接着创作。"

——费利佩·G.瓜达利克斯

作品：里耶卡 / **地点：**克罗地亚里耶卡 / **创作时长：**1.5小时 / **规格：**21×29.5厘米 / **工具&材料：**墨水、水彩

里耶卡位于克罗地亚北部的克瓦内尔湾，是主要的港口城市。市区有一座山，山上的城堡是这里的中心。站在12层高的Neboder酒店屋顶，可以看到壮丽的城市风光。

TIPS

"最好的办法是找到一个较高的地方，如建筑、小山，也可乘坐电缆车、直升机或者军用飞机进行创作。"

——费利佩·G.瓜达利克斯

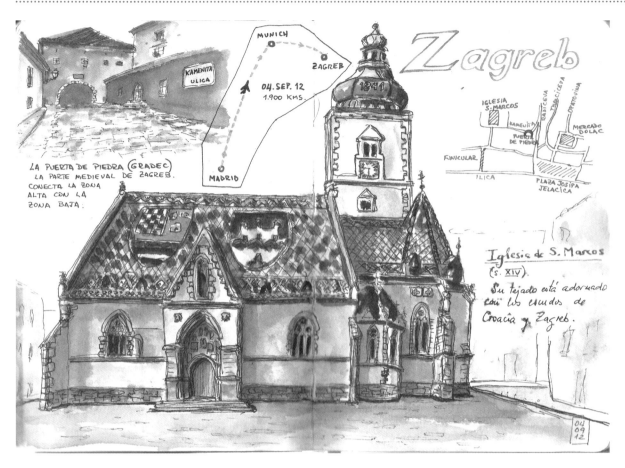

作品：萨格勒布 / **地点：**克罗地亚萨格勒布 / **创作时长：**2小时 / **规格：**21×29.5厘米 / **工具&材料：**墨水、水彩

萨格勒布是克罗地亚的首都，整个城区被分成两部分：上城区和下城区。其中，圣马可教堂位于上城区，屋顶上有两个盾牌结构，构成了城市的标志。这幅作品的主旨是呈现教堂独特的美感，在同一页面上还包括了其他一些细节，如中世纪石头门、位置图及飞行航线等。这幅作品是"克罗地亚旅行日记系列"的一部分。

TIPS

> "在城市中定位一栋建筑的办法就是将画面分区。另外，我也喜欢用粗体字在画面上写出城市的名字。"
>
> ——费利佩·G. 瓜达利克斯

作品：饮水洞 / **地点：**西班牙桑提亚纳德玛 / **创作时长：**20分钟 / **规格：**16.5×23.5厘米 / **工具&材料：**墨水、水彩

桑提亚纳德玛小镇上的街道和建筑凸显了中世纪风格，有石头墙面和木头露台。画面中描绘的这个饮水洞是专供动物饮水用的，是上镜率最高的地方。这一创作的主题是在前景中突出"水"元素，而在背景中使其不太明显。

TIPS

> "没有必要去寻找特殊的水彩纸，在这种情况下只需从笔记本上撕下一页即可创作。这幅作品不是旅行日记系列的一部分，所以不能和其他作品混在一起。"
>
> ——费利佩·G. 瓜达利克斯

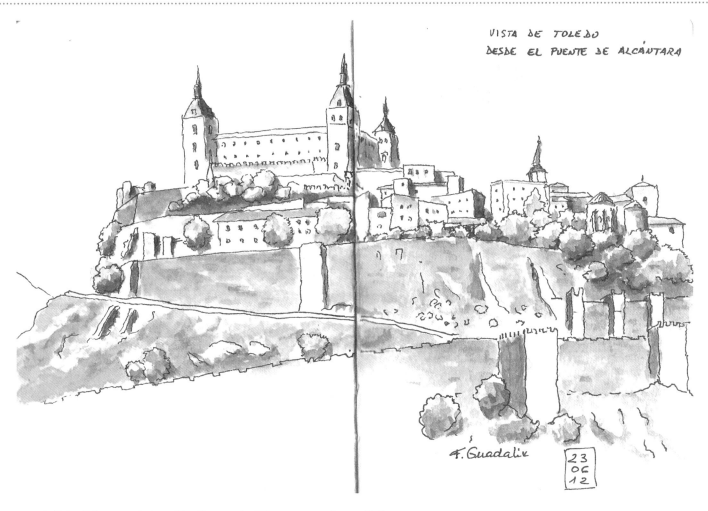

VISTA DE TOLEDO
DESDE EL PUENTE DE ALCÁNTARA

F. Guadalix

23
06
12

作品：托莱多／**地点：**西班牙托莱多／**创作时长：**1小时／**规格：**14.5×21厘米／
工具&材料：墨水、水彩

托莱多位于塔霍河上方的小山上，在卡洛斯一世时期曾是西班牙的首都。这里
被称为"三种文化汇聚的城市"。从小河看过去不太容易将全景描绘出来，却
能体现出城市的庄严。

TIPS

"若要呈现出建筑的庄严性，从低处描绘不失为
一个好的选择。"

——费利佩·G.瓜达利克斯

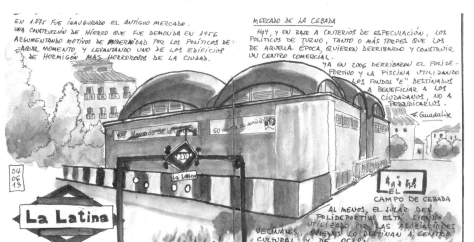

EN 1.875 FUE INAUGURADO EL ANTIGUO MERCADO.
UNA CONSTRUCCIÓN DE HIERRO QUE FUE DEMOLIDA EN 1956
ARGUMENTANDO MOTIVOS DE MODERNIDAD POR LOS POLÍTICOS DE
AQUEL MOMENTO Y LEVANTANDO UNO DE LOS EDIFICIOS
DE HORMIGÓN MÁS HORRORODOS DE LA CIUDAD.

MERCADO DE LA CEBADA
HOY, Y EN BASE A CRITERIOS DE ESPECULACIÓN, LOS
POLÍTICOS DE TURNO, TANTO O MÁS TORPES QUE LOS
DE AQUELLA ÉPOCA, QUIEREN DERRIBARLO Y CONSTRUIR
UN CENTRO COMERCIAL.

YA EN 2006 DERRIBARON EL POLIDE-
PORTIVO Y LA PISCINA UTILIZANDO
LOS FONDOS "E" DESTINADOS
A BENEFICIAR A LOS
CIUDADANOS, NO A
PERJUDICARLOS.

F. Guadalix

AL MENOS, EL SOLAR DEL
POLIDEPORTIVO ESTÁ SIENDO
UTILIZADO POR LAS ASOCIACIONES
VECINALES, QUIENES LO DESTINAN A CENTRO
CULTURAL Y DE OCIO.

EL
CAMPO DE CEBADA

La Latina

04
06
13

作品：塞瓦达市场／**地点：**西班牙马德里／**创作时
长：**1小时／**规格：**13×27厘米／**工具&材料：**墨
水、水彩

这个旧钢铁市场建于1875年，在1956年被拆
除，取而代之的是一座混凝土市场。这栋建筑位
于马德里市中心的La Latina区，毗邻El Rastro跳
蚤市场。如今，这里已经成为马德里最著名的旅
游区之一。

TIPS

"在画面中添加说明性文
字是非常有必要的。"

——费利佩·G.瓜达利克斯

IN MY DRAWINGS I TRIED TO CAPTURE THAT BUSYNESS AND ALMOST A FEELING OF BEING OVERWHELMED BY ALL THE THINGS HAPPENING VISUALLY AT THE SAME TIME.

我乐于在画面中捕捉忙碌喧嚣的氛围，将同一时刻发生的所有事情都描绘下来。

艺术家：米克·凡德莫维
（ Mieke van der Merwe ）

2010年，米克·凡德莫维毕业于斯坦林布什大学，并取得平面设计学士学位。随后，她到韩国工作两年，从事英语教学工作，同时也是一位自由艺术家。如今，她正在斯坦林布什大学攻读儿童书籍插画设计硕士学位。

您在手绘时通常使用哪些工具和材料？

在速写本上或者为展览创作时，我通常会使用钢笔、铅笔、毛笔，以及水彩和水粉颜料。其中，Rotring针管笔是必备的工具。这种笔是我在一次在大学演讲的时候知道的，从此我就用它来绘制墨水画。细细的不锈钢笔尖能够画出不同宽度的线条，这一点是我最满意的。

您眼中的城市是什么样子的？

2011年—2013年，我一直生活在韩国，从事英语教学工作。在那里，繁华喧嚣的城市景观在南非是看不到的，这深深地激发了我的创作灵感。我非常喜欢描绘首尔最热闹的地方，尤其是弘大区。我乐于在画面中捕捉忙碌喧嚣的氛围，将同一时刻发生的所有事情都描绘下来。

摄影：米克·凡德莫维

作品： 在巴黎滑冰 / **地点：** 法国巴黎 / **创作时长：** 3小时 / **规格：** 42×59.4厘米 / **工具&材料：** 书法毛笔

这幅作品是为在韩国蔚山H画廊举办的名为"旅行者的视角"的展览而创作的。在创作时，手绘者被窗户深深地吸引了，描绘了大量的窗户细节。她尝试在画面中创造出一种对比——前景中活跃的滑冰人和背景中精细的建筑细节。

TIPS

"在这幅作品中，我首先用铅笔勾勒出人物和建筑的基本轮廓，然后用黑色毛笔继续完善。这幅画的关键部分就是运用粗细不等的线条增添画面的生动感。"

——米克·凡德莫维

作品：大苹果／**地点：**美国纽约／**创作时长：**3小时／**规格：**84.1×59.4厘米／**工具&材料：**Rotring 0.2毫米针管笔、墨水、画笔

这幅作品是为一个名为"百万分之一"的团体展览而创作的。手绘者试图绘制一幅符合展览主题的作品——纽约是众多城市中独一无二的一座。

作品：约翰内斯堡天际线／**地点：**南非约翰内斯堡／**创作时长：**3小时／**规格：**59.4×59.4厘米／**工具&材料：**Rotring 0.2毫米针管笔、墨水、画笔

这幅作品是为一个名为"家是我和你在一起的地方"的团体公益展览（旨在帮助一家位于开普敦的孤儿院）而创作的。展览中多数作品都描绘了手绘者旅行的地方或者能激发他们情感的地方。这幅作品描绘了约翰内斯堡（或称为Jozi、Joburg、Joni、eGoli或Joeys，简称JHB），这是南非人口最多的城市，也是南非最富裕的豪登省首府，撒哈拉沙漠以南的地区最大的经济体。

TIPS

"在这幅作品中，我使用极细针管笔绘制了建筑内部的线条和图案。首先，我根据一幅照片绘制出线稿，然后用钢笔继续完善。记住，使用铅笔时不需要用太大的力气，否则会很难擦掉，还会破坏整个画面的美感。"

——米克·凡德莫维

TIPS

"这幅作品是根据一幅照片创作的。一束光线投射在建筑上，留下了影子。参照照片手绘便于在画面中营造对比，尤其是在黑白画面中。"

——米克·凡德莫维

作品：老饼干厂 / **地点：**南非伍德斯托克 / **创作时长：**3小时 / **规格：**21×29.7厘米 / **工具&材料：**水粉颜料、墨水、画笔

这幅作品描绘了位于伍德斯托克中心区的一个充满活力的小村庄内的老饼干厂，这里人才辈出，注重合作精神。如今，这座工厂包括市场、办公区、工作室、设计师商店、农产品摊、餐厅等。每个星期六，这里都会有集市，吸引着周边的居民和游客前来。

TIPS

"我首先使用毛笔在速写纸上绘制作品，然后用水粉颜料渲染，待干了之后再用墨水绘制。"

——米克·凡德莫维

TIPS

"在创作这幅作品时，我在建筑上运用了不同的图案，旨在创造出不同的色调和黑色区域，用来形成对比，并增加画面的纵深感。"

——米克·凡德莫维

作品：森林城市 / **地点：**美国纽约 / **创作时长：**3小时 / **规格：**14×14厘米 / **工具&材料：**Rotring 0.2毫米针管笔

这幅作品是为名为"让自己爱上自然"的团体展览而创作的。手绘者从"如果你走进大森林，会无比惊讶"中获得灵感，想到了人们如何破坏自然来建造城市，并以此为主题。作品的名字也诠释了如今城市是如何变成钢筋水泥"森林"的。

作品： 鱼眼图 / **地点：** 中国香港 / **创作时长：** 3小时 / **规格：** 59.4×84.1厘米 / **工具&材料：** Rotring 0.2毫米针管笔、墨水、画笔

这幅作品是为名为"出版作品"的团体展览而创作的。展览中主要包含了开普敦当代艺术家创作的印刷作品。手绘者从她妈妈收集的老相机及相机中的世界中获得灵感。这幅作品根据一幅以鱼眼镜头拍摄的香港街区的照片绘制而成。

TIPS

"我先用钢笔在速写纸上绘制，然后将其扫描到计算机上并用Photoshop软件上色（使用bamboo tablet手绘板可以调节色调），以营造更加自然的色调和真实的效果。"

——米克·凡德莫维

作品：赫拉夫-里内特教堂／**地点**：南非赫拉夫-里内特／**创作时长**：3小时／**规格**：29.7×21厘米／**工具&材料**：水粉颜料、墨水、画笔

这幅作品描绘了位于赫拉夫-里内特市中心的教堂。这座城市建于1786年，是南非第四古老的城市，也是东开普省最古老的城市，最初为东部边境的荷兰农民建立的，设立法律法规、宗教信仰和教育机构。这里拥有220个建筑遗产，并拥有最多的纪念碑。如今，这里是著名的旅游胜地，它因采用当地砖石建造的美丽的教堂而著称。

作品：威尼斯／**地点**：意大利威尼斯／**创作时长**：3小时／**规格**：19×25厘米／**工具&材料**：Rotring 0.2毫米针管笔、水彩

2009年，手绘者进行了一次欧洲之旅，并将去过的城市制作成了一本旅行日记。在3周的时间里，她收集了很多卡片、消费单和火车票，并描绘了周围的新环境。她来到威尼斯时，被运河和船只四周的浪漫气息深深迷住，于是创作了这幅作品。在使用水彩上色时，她试图捕捉自己的感受。

TIPS

"我首先绘制线稿，然后用水彩上色。上色时，我将褐色和黄色混合，营造出更加浪漫而梦幻的气息。"

——米克·凡德莫维

TIPS

"在创作这幅作品时，我选用了高质量的水彩速写纸。首先，用钢笔在纸上绘制，然后用水彩上色。我特意在画面中的一些区域留白，让其看起来更清新，避免使人眼花缭乱。"

——米克·凡德莫维

作品： 开普敦市政厅 / **地点：** 南非开普敦 / **创作时长：** 3小时 / **规格：** 21×29.7厘米 / **工具&材料：** Rotring 0.2毫米针管笔、墨水、画笔

这幅作品描绘了市政厅———一个迷人的英格兰风格的老建筑。这个建筑建于1905年，非常著名。此外，1990年，曼德拉从监狱被释放之后，还曾在这里做过演讲。

TIPS

"我使用钢笔和墨水描绘了黑白画面。我特意让一些建筑弯曲和倾斜，旨在增添手绘创作的魅力。"

——米克·凡德莫维

作品： 威尼斯大街 / **地点：** 意大利威尼斯 / **创作时长：** 3小时 / **规格：** 59.4×42厘米 / **工具&材料：** 书法毛笔

这幅作品描绘了黄昏下的威尼斯大街——拉长的影子倒映在河面上。黑色线条与留白区域形成鲜明对比。画面诠释了慵懒的午后沿河道闲逛的休闲感。

TIPS

"在这幅作品中，我用平整的纯黑色区域代表阴影，营造出对比，从而使其更具艺术效果。"

——米克·凡德莫维

作品： 巴黎街景 / **地点：** 法国巴黎 / **创作时长：** 3小时 / **规格：** 29.7×42厘米 / **工具&材料：** Rotring 0.2毫米针管笔、墨水、画笔

这幅作品描绘了巴黎街道和城市天际线上繁复的屋顶结构。手绘者使用线条描绘不同的图案和纹理，以强调画面的规格。这幅作品是采用俯瞰角度描绘的，犹如在空中探索城市景象。

TIPS

"在这幅作品中，我使用了不同规格的钢笔，绘制粗细不同的线条。随后，用毛笔填充黑色区域。"

——米克·凡德莫维

作品：紫色乌龟 / **地点：**南非开普敦 / **创作时长：**3小时 / **规格：**21×17.5厘米 / **工具&材料：**Rotring 0.2毫米针管笔、水彩

这栋名为"紫色乌龟"的建筑位于开普敦长街，因其明亮的紫色和规整的造型而著称。长街是开普敦城市碗区（City Bowl）的主要街道，以波西米亚风格著称，两侧书店、不同特色的餐馆和酒吧林立。此外，这条街上还有许多维多利亚建筑和精美的铁艺，这些都被完好地保留了下来。

TIPS

"在这幅作品中，我首先用钢笔描绘了建筑，然后用水彩上色。值得一提的是，使用水彩时我非常随意，以增添个性。"

——米克·凡德莫维

ART IS THAT FREEDOM WHERE THE BRUSH WRITES THE MIND INSTANTLY AND PERFECTLY!

艺术就是用画笔快速而完美地将自己的想法自由地描绘出来！

艺术家：朱明湖（Choo Meng Foo）

朱明湖是一个有很多爱好的人，热爱画画、写作、设计等。他毕业于新加坡国立大学，取得了艺术学士、建筑学士和城市学硕士学位。在他看来，生活就是不断学习、体验自然和社会赋予的复杂可能性。艺术就是人生，而生活就是创作艺术。他使用丙烯、水彩、墨水和照片创作，其作品曾在博物馆、大学和画廊展出，也曾刊登在《亚洲地理》等杂志上，并被国内外相关机构广泛收藏。

您在手绘时通常使用哪些工具和材料？

我使用的工具包括一部相机、全景图制作软件和一双高质量的靴子（这样我就可以长时间行走，让自己融入一个场景中）。我使用钢笔在速写纸上勾勒线稿，然后将其扫描到计算机上添加色彩。最终的作品是使用爱普生专业打印机在Archival艺术画纸上打印出来的。

您眼中的城市是什么样子的？

新加坡是一座绿色、整洁的城市，大约有500万人口，因其可持续发展规划而著称，工作、休闲和学习完全融入城市构架的每一个方面。在这里，人们很友善。新加坡是世界上低犯罪率国家之一，来这里旅行的人都会感受到这里的秩序性和高效性。

摄影：朱明湖

作品：独一无二 / **地点：**新加坡中峇鲁 / **创作时长：**3小时 / **规格：**14.8×21厘米 / **工具&材料：**Sailor钢笔、Pelikan墨水、速写纸、扫描仪、计算机上色、Archival艺术纸数码打印

这栋独特的建筑彰显了艺术装饰风格，其造型模仿蒸汽船和飞机的流线型，将住宅定义为"居住的机器"。

TIPS

"也许几年之后这里就改变了，所以要珍惜现在看到的一切。"

——朱明湖

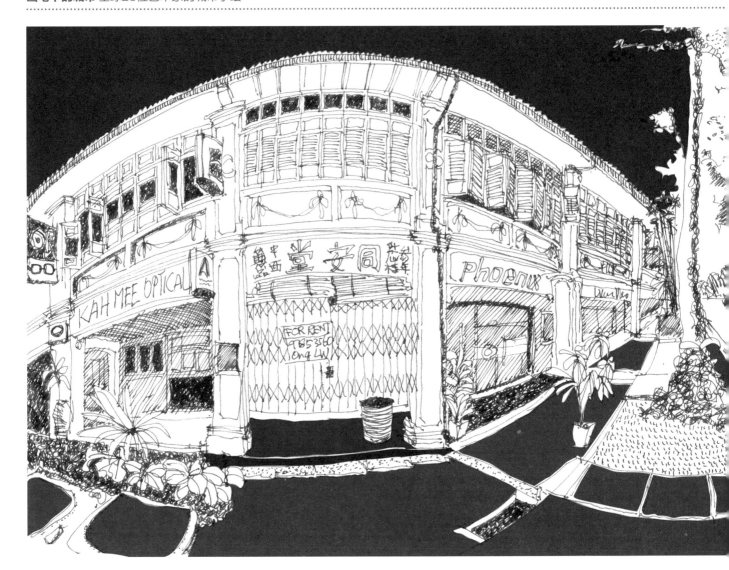

作品：同安堂中药店 / **地点：**新加坡中峇鲁 / **创作时长：**3小时 / **规格：**14.8×21厘米 / **工具&材料：**Sailor钢笔、Pelikan墨水、速写纸、扫描仪、计算机上色、Archival艺术纸数码打印

这家中药店已经倒闭了，房屋正在出租。也许是药店的主人没能跟上时代的变化，又或者是年纪太大无力经营，而他们的后代也不愿从事这一行业。这幅作品揭示了一个特定时代的结束。

TIPS

"变化是无时不在的，所以要不断探索，去创造新的可能。"

——朱明湖

作品：妈妈餐馆 / **地点：**新加坡中峇鲁 / **创作时长：**3小时 / **规格：**14.8×21厘米 / **工具&材料：**Sailor钢笔、Pelikan墨水、速写纸、扫描仪、计算机上色、Archival艺术纸数码打印

妈妈烹饪让我们想起家常食物的味道，也勾起我们旧时的记忆。

TIPS

"我用曲线代替直线，这样可以营造更开阔的视角，从而能够近距离地看到整个建筑。"

——朱明湖

作品：债务托收热线6844 0221-GBA 3365Z / **地点：** 新加坡中峇鲁 / **创作时长：**
3小时 / **规格：** 14.8×21厘米 / **工具&材料：** Sailor钢笔、Pelikan墨水、速写纸、
扫描仪、计算机上色、Archival艺术纸数码打印

债务托收在中峇鲁已经成为了一种职业，这揭示了城市发展中一个特定的
时代。

TIPS

"时间在变，人在变，地方在变，习惯在变，上
帝存在于细节之中。"

——朱明湖

作品：中峇鲁神话 / **地点：** 新加坡中峇鲁 / **创作时长：** 3小时 / **规格：** 14.8×21
厘米 / **工具&材料：** Sailor钢笔、Pelikan墨水、速写纸、扫描仪、计算机上色、
Archival艺术纸数码打印

在新加坡，这种建筑形式并不常见。更有趣的是，门把手都安装在后门的右
侧，这很让人费解。

TIPS

"寻找差异，这可以开启一个全新的世界。"

——朱明湖

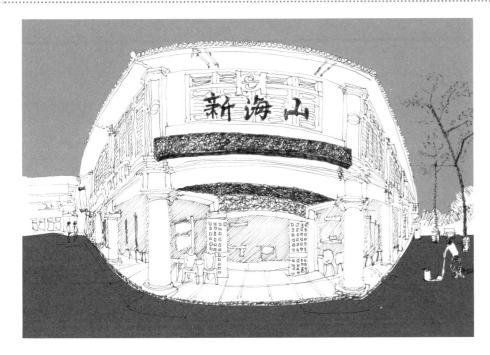

作品：新海山海鲜餐厅 / **地点：**新加坡中岑鲁 / **创作时长：**3小时 / **规格：**14.8×21厘米 / **工具&材料：**Sailor钢笔、Pelikan墨水、速写纸、扫描仪、计算机上色、Archival艺术纸数码打印

这是中岑鲁地区非常有名的中餐厅之一，很多人从很远的地方来到这里品尝美味的食物。这里因价格昂贵的阿拉斯加海鲜著称，每盘售价700美元。那个物美价廉的时代已经成为了古老的回忆。

作品：不寻常的汉字 / **地点：**新加坡中岑鲁 / **创作时长：**3小时 / **规格：**14.8×21厘米 / **工具&材料：**Sailor钢笔、Pelikan墨水、速写纸、扫描仪、计算机上色、Archival艺术纸数码打印

在这里人们可以看到汉字，这是为中岑鲁地区的华人服务的。

A TRY TO CAPTURE THE MOST INTERESTING THING OF THE MOMENT!

努力捕捉此刻最有趣的事情！

艺术家：娜斯佳·拉齐娜（Nastia Larkina）

娜斯佳是一名用户界面设计师，2008年毕业于英国高等艺术设计学校。她的作品多数是在旅行期间创作的，她在餐厅等待吃饭的时候，或者排队的时候都会创作。旅行手绘都需要快速完成，所以她会努力捕捉某个时候最有趣的事情，一个不相识的人或者一个建筑细节都可以成为主题，这往往会达到令人非常满意的效果。

您在手绘时通常使用哪些工具和材料？

我在选择工具的时候会非常谨慎——不能太重，这样便于长时间旅行时携带；另外，方便使用，以确保快速完成创作。所以，我通常使用较厚的小速写本、一支钢笔或毛笔。有时，我也会使用水彩，它能够带来自由的创意。

您眼中的城市是什么样子的？

我疯狂地描绘布拉格。这是一座兼具历史感和美感的城市，在这里我会感觉像在家一样舒适。新艺术风格的建筑、咖啡厅和室内装饰散发着20世纪初的精神气息，一个充满流畅线条和柔和色彩的年代，即使现在看来也不过时。在这里，你永远不知道下一刻会发生什么。

摄影：娜斯佳·拉齐娜

TIPS

"如果时间充裕，那么你可以如愿地增添更多细节。所以，创作一幅作品就像是刺绣一样，充满无穷的乐趣。"

——娜斯佳·拉齐娜

Vigo di Fassa

作品：维戈-迪法萨 / **地点：**意大利维戈-迪法萨 / **创作时长：**30分钟 / **规格：**19×14厘米 / **工具&材料：**钢笔

维戈-迪法萨是从卡纳泽伊到意大利北部博尔扎诺途中的一站。在公共汽车上，可以更深入地观察意大利地区的特色建筑和周围景观中的迷人细节。

作品： 莫斯科 / **地点：** 俄罗斯莫斯科 / **创作时长：** 10分钟 / **规格：** 18×12厘米 / **工具&材料：** 钢笔

这里的建筑是宏伟、辉煌、庄严的。以乌克兰酒店为例，背景中描绘的日常生活场景和凌乱的电线与前景中错误停放的车辆形成了鲜明的对比。

TIPS

"在描绘较高的建筑时，我选择竖构图，并采用大量的垂直线条来表现。在这幅作品中我添加了电线，用于展示现实的不完美。"

——娜斯佳·拉齐娜

作品： 布拉格 / **地点：** 捷克布拉格 / **创作时长：** 15分钟 / **规格：** 20×13厘米 / **工具&材料：** 钢笔

创作这幅作品时，手绘者正在餐厅中等待一杯酒。她努力捕捉布拉格晚秋时节的景象——背景中精美的古典建筑和树上疯狂舞动的树叶。这种场景在布拉格是非常常见的。

TIPS

"用毛笔随意描绘树叶，用细钢笔勾勒精美的建筑。"

——娜斯佳·拉齐娜

作品：伊斯坦布尔老城 / **地点：**土耳其伊斯坦布尔 / **创作时长：**15分钟 / **规格：**16×13厘米 / **工具&材料：**钢笔

伊斯坦布尔的清晨非常迷人，城市渐渐苏醒，商人们准备营业。这时，一边喝着新鲜的石榴汁，一边欣赏城市街景，是非常惬意的。

TIPS

"招牌上的文字给画面营造了真实感。这让人感觉画面上的生活是真实存在的，并会一直继续下去。"

——娜斯佳·拉齐娜

作品：格拉斯老城 / **地点：**法国格拉斯 / **创作时长：**6分钟 / **规格：**13×13厘米 / **工具&材料：**钢笔

手绘者在等候一年一度的鲜花节开幕的时间创作了这幅作品。8月，法国南部依然很热，让人感觉有些疲惫。人们聚集在这里等候表演开始，棕榈树大街上的建筑成了整幅画的装饰。

TIPS

"尝试使用不同的材料描绘不同的物体，或是自然的，或是人造的。钢笔可以描绘精确的建筑细节，而毛笔可以刻画出棕榈树的本色。"

——娜斯佳·拉齐娜

作品： 人民广场 / **地点：** 捷克布拉格 / **创作时长：** 10分钟 / **规格：** 17×11厘米 / **工具&材料：** 钢笔

一边等有轨电车，一边欣赏神奇的建筑，真的非常惬意。这幅作品就是在这样的场景中创作的。画面呈现了整体街景，以精美的屋顶作为主题，给整个城市增添了童话般的气息。

TIPS

"仔细描绘门窗。尽管看起来很像，但它们一定是有差异的。即便是一栋平凡无奇的建筑，如果你将所有的窗户都恰当地描绘出来，也会营造出有趣的视觉效果。"

——娜斯佳·拉齐娜

作品： 索菲亚大教堂 / **地点：** 土耳其伊斯坦布尔 / **创作时长：** 10分钟 / **规格：** 18×14厘米 / **工具&材料：** 钢笔

索菲亚大教堂宏伟壮丽，充满神秘气息。手绘者很幸运拥有足够的时间捕捉细节，从而呈现出这一古老建筑的伟大。

TIPS

"不要害怕画满整张速写纸。如果真实的建筑规模宏伟，那么一定要给观者营造出这种感觉。"

——娜斯佳·拉齐娜

作品： 卡纳泽伊小镇 / **地点：** 意大利卡纳泽伊 / **创作时长：** 15分钟 / **规格：** 21×14厘米 / **工具&材料：** 钢笔

卡纳泽伊小镇坐落在意大利阿尔卑斯山脉，拥有温和而典雅的建筑，如今是滑雪爱好者和运动员的天堂。手绘者成功诠释了这里的和谐氛围。

TIPS

"我建议关注画面中任何一个有意义的部分的细节，在这幅作品中体现在小路尽头的老教堂上。"

——娜斯佳·拉齐娜

作品： 雷克雅未克街景 / **地点：** 冰岛雷克雅未克 / **创作时长：** 10分钟 / **规格：** 19×14厘米 / **工具&材料：** 钢笔

雷克雅未克是冰岛的首都。这里高大的树木非常罕见，这种城市景观也非常罕见。其特殊的气候和自然条件使得汽车非常受欢迎。

TIPS

"用粗线条完成画面的主体元素，让观者的视线随着环形马路或者垂直的树干移动。"

——娜斯佳·拉齐娜

SOMETIMES THE STORY OF A PLACE CAN MOTIVATE YOUR SKETCH.

有时，一个地方背后的故事能够激发你创作的
热情。

您在手绘时通常使用哪些工具和材料？

我通常使用Hero M86钢笔、Lamy Safari 极细针管笔和Lamy 0.5毫米2B笔
芯自动铅笔。此外，我使用不同类型的速写本，有时也会使用创作版画剩余的
纸张。我在巴西发现了Moleskine水彩速写纸和其他类型的速写本。

您眼中的城市是什么样子的？

我生活在里约热内卢。这里的自然风光格外迷人，这里的建筑具有折中主义，
从18世纪风格到奥斯卡·尼迈耶（Oscar Niemeyer，一位巴西建筑师）的
作品一应俱全。我热衷于与人们日常生活息息相关的建筑，痴迷于理发店、酒
吧、餐厅和市场内发生的小故事。

艺术家：安吉洛·罗德里格斯
（Angelo Rodrigues）

安吉洛出生在里约热内卢，学习精算学专业，多年来曾在几
个大学教授精算风险管理课程。其艺术设计基础源自20世纪
80年代早期在布拉格Lage视觉艺术学校的学习。他擅长水
彩、素描、金属版画和木版画创作。他一直热衷于城市内的
建筑，并不断地将其描绘下来。

摄影：安吉洛·罗德里格斯

作品： Tabajaras大街 / **地点：** 巴西里约热内卢 / **创作时长：** 1.5小时 / **规格：** 21×27.5厘米 /

工具&材料： Hero M86钢笔（防弹墨水）、水彩、Tilibra速写本

"Ladeira dos Tabajaras" 译为 "Tabajaras大街"，其中 "Tabajaras" 是一个巴西印第安部落的名字，而在图皮语（Tupi language）中，意为 "村长"。中心建筑是一个古老的酒吧，居住在该区的工薪阶层是这里的常客。画面中描绘的 "摩的" 是当地居民到达山顶的主要交通工具。

TIPS

"在这幅画中，空中花园成为了焦点。有时，将精力放在核心部分，往往会带来很好的结果。"
——安吉洛·罗德里格斯

作品：拉赫公园内的马厩 / **地点：**巴西里约热内卢 / **创作时长：**2小时 / **规格：**13×41厘米 / **工具&材料：**黑色马克笔、Moleskine水彩速写纸

该建筑位于拉赫公园内，它过去是拉赫家族的马厩，因此一直以"马厩"而著称。公园位于里约热内卢中心的植物园内，与科科瓦多山毗邻。

TIPS

"这座建筑建于20世纪初，开始被用作马厩，如今这里被改造成了一所艺术学校。有时，一个地方背后的故事能够激发创作者的创作热情。"

——安吉洛·罗德里格斯

作品：巴西银行文化中心 / **地点：**巴西圣保罗 / **创作时长：**4小时 / **规格：**29.5×21厘米 / **工具&材料：**液体水彩、画笔、钢笔、Daler-Rowney速写本（150克/平方米、无酸图画纸）

这幅作品描绘了巴西银行文化中心，呈现了城市中心区内古典建筑和现代建筑的对比。

TIPS

"在某些特定的时刻，建筑是让你去体验不同色彩的唯一理由。在手绘时，尝试好好地利用水彩。"

——安吉洛·罗德里格斯

作品： 蝙蝠侠胡同内的涂鸦墙 / **地点：** 巴西圣保罗 / **创作时长：** 2.5小时 / **规格：** 9×14.5厘米 / **工具&材料：** Moleskine水彩纸、水彩、铅笔

这幅作品试图详细地展示一位街头艺术家创作的大型涂鸦墙，这让人不禁想到当代壁画的根源。

TIPS

"在根据涂鸦进行创作时，不必过于详细地诠释涂鸦本身，而是要将重点放在与周围环境的联系上。"

——安吉洛·罗德里格斯

作品： 蝙蝠侠胡同 / **地点：** 巴西圣保罗 / **创作时长：** 3小时 / **规格：** 17.8×25.4厘米 / **工具&材料：** 彩色马克笔、Hero钢笔、水彩

这幅作品是在蝙蝠侠胡同内创作的。这是位于圣保罗的一个小胡同，因无处不在的涂鸦而著称。这幅作品的主题是呈现漂亮的涂鸦和周围环境的互动与联系。

TIPS

"手绘和其他艺术作品一样，不能向现实妥协。寻找一种恰当的色彩搭配即可，不需要完全体现现实生活。"

——安吉洛·罗德里格斯

TIPS

"寻找创作主题时，一定要关注那些独特的、有趣的、偶然看见的事物，就像这幅作品中所描绘的那样。"
——安吉洛·罗德里格斯

作品： 蝙蝠侠胡同内的舞厅 / **地点：** 巴西圣保罗 / **创作时长：** 2小时 / **规格：** 21×27.5厘米 / **工具&材料：** Lamy Safari钢笔（防弹墨水）、水彩、Tilibra速写本

蝙蝠侠胡同中有许多狭长的小路，其中大部分都画满了涂鸦。喜欢涂鸦的人在这里一定会感受到无穷的乐趣。

TIPS

"在描绘废旧的建筑时，尝试捕捉画面的多样性。"
——安吉洛·罗德里格斯

作品： 夜幕下的科帕卡瓦纳 / **地点：** 巴西里约热内卢 / **创作时长：** 2小时 / **规格：** 19×28厘米 / **工具&材料：** 水彩、Hero钢笔、Bockingford经济型水彩画板（300克/平方米，由英国Atlantis Art Materials公司制造）

这幅作品描绘了科帕卡瓦纳地区保留下来的小建筑之一。这座建筑内有许多商店和餐馆，当地居民和游客经常光顾。

作品：黄色建筑 / **地点：**巴西里约热内卢 / **创作时长：**2.5小时 / **规格：**27.5×21厘米 / **工具&材料：**Lamy Safari细尖钢笔（防弹墨水）、Tilibra速写本

这栋建筑名为Amarelinho（意为黄色的），坐落在里约热内卢热闹非凡的文化区 Cinelândia。这里遍布着酒吧、餐馆、电影院、剧院和本土音乐厅等。这里的夜晚非常迷人。

TIPS

"在描绘一个繁忙的场景时，尝试捕捉其喧嚣的特性。"

——安吉洛·罗德里格斯

作品：3月1号大街 / **地点：**巴西里约热内卢 / **创作时长：**3小时 / **规格：**21×27.5厘米 / **工具&材料：**Hero M8钢笔、Lamy Safari细尖钢笔（防弹墨水）、Tilibra速写本

"3月1号"大街（Rua Primeiro de Março），最初名为Rua Direita，是里约热内卢最古老的街道，在19世纪占据重要的地位。1875年，它被命名为"3月1号"大街，以庆祝Aquidabã战争的胜利。

TIPS

"有时，画面中的主题对比会成为最有趣的部分。在这幅作品中，19世纪的建筑和现代城市的繁忙交通构成了强烈的对比。"

——安吉洛·罗德里格斯

BE PATIENT AND CONSTRUCTIVE AT THE BEGINNING, THE REWARDS WILL COME LATER.

开始时要有耐心和创造性，稍后就会获得更好的回报。

艺术家：费弗尔·乔治斯（Febvre Georges）

2013年之前，费弗尔一直从事牙医工作。在结束了10年的人体绘画之后，他于2010年—2011年参加了Nicolas Doucedame在艾克斯举办的为期一年的手绘课程，从此开始了速写生涯。自2012年起，他在每月的周六都会组织速写活动，与志同道合的朋友一起分享创意。更多信息，请登录以下网址。

http://www.flickr.com/photos/constantigeorges，
aixcroquis.over-blog.net，
georgesfebvre.over-blog.com。

您在手绘时通常使用哪些工具和材料？

我喜欢不断尝试新的工具，也会从其他艺术家的作品中获得灵感。我常使用钢笔。在描绘较复杂的画面时，会先用铅笔勾勒线稿。

您眼中的城市是什么样子的？

艾克斯是法国南部一座美丽的小城，拥有多个世界著名的景点，其中米拉波林荫大道吸引着无数国内外游客前来。这里有一条宽阔的大道，两侧种满了郁郁葱葱的大树，有漂亮的小屋和喷泉。艾克斯因保罗·塞尚（Paul Cezanne）而著称，他在这里出生，创作了多幅关于圣维克多山峰的作品。

摄影：安德里亚·谢弗

作品： 鸟镜池 / **地点：** 法国马蒂格 / **创作时长：** 4小时 / **规格：** 22×60厘米 / **工具&材料：** Lamy EF钢笔、Platinum炭黑防水墨水、留白胶、Winsor Newton水彩、Vang速写本（30×21厘米，230克/平方米）

马蒂格被称为"普罗旺斯的威尼斯"，位于地中海和贝尔湖通道上。之前通道两侧的墙壁上爬满了灌木丛，成为了鸟的天堂，这种景象投射在水面上，非常迷人。也正因如此，这里被命名为"鸟镜池"。这幅作品开始采用传统技法创作，然后使用水彩上色。

TIPS

"首先，我用铅笔勾勒出主要线条，在水彩上色之前使用防水墨水绘制。最后，用留白胶创作左侧的树木和路灯，并用水彩渲染天空。"

——费弗尔·乔治斯

作品： 圣索弗尔大教堂 / **地点：** 法国艾克斯 / **创作时长：** 4小时 / **规格：** 22×60厘米 / **工具&材料：** Rohrer and Klingner玻璃蘸水笔、Rohrers Ausziehtusche Bister墨水、Winsor Newton水彩、Pilot Choose 07系列 白色笔、Vang速写本（30×21厘米，230克/平方米）

这是一座罗马时期的天主教堂，建于1世纪的古罗马广场上，如今是法国国家纪念碑。手绘者起初使用传统技法绘制，随后改用非常规的方式，用水彩上色。

TIPS

"我喜欢弯曲的透视线条。基于教堂这个比较严肃的主题，我在使用水彩上色时不那么随意。树应该是绿色的，但是我觉得用Pilot Choose 07系列白色笔添加白色线条之后效果更佳。"

——费弗尔·乔治斯

作品：艾克斯市政厅 / **地点：**法国艾克斯 / **创作时长：**4小时 / **规格：**22×60厘米 / **工具&材料：**Hero M86钢笔、Noodlers 黑色墨水、Rohrer and Klingner玻璃蘸水笔、画笔、Sennelier墨水、Vang速写本（30×21厘米，230克/平方米）

这个宏伟的市政厅坐落在城市最美丽的广场上，由皮埃尔·帕维隆（Pierre Pavillon，法国建筑师和雕塑家）于17世纪中叶建成，其华丽的铸铁栏杆和主楼梯别具特色。红棕色非常适合描绘带有狮子头门环的入口大门。

TIPS

"如果你在速写本上绘制，那么最好是从两页中间的部分起笔，这样能使两页之间建立联系。"

——费弗尔·乔治斯

作品：圣劳伦特大教堂 / **地点：**法国马蒂格 / **创作时长：**3小时 / **规格：**22×60厘米 / **工具&材料：**Hero M86钢笔、Noodlers 黑色墨水、Rohrer and Klingner玻璃蘸水笔、画笔、Sennelier墨水、Vang速写本（30×21厘米，230克/平方米）

教堂建于圣劳伦特山上（如今被称为la tourette），临近Babon城堡。画面中呈现了菲西（Phocean）城建立之初的希腊风格的居住环境。手绘者特别强调了这个方面，并描绘了全景。水彩的运用增添了整个画面的动感。

TIPS

"我喜欢用随意的水彩笔触绘制现实主义风格的作品，但确保使用水彩之前纸上有足够的清水。在着重突出画面某一部分时，我喜欢使用玻璃蘸水笔和墨水绘制。另外，在主体附近添加美术字，也能取得良好的效果。"

——费弗尔·乔治斯

作品：玛德莲教堂／**地点：**法国艾克斯／**创作时长：**3小时／**规格：**21×30厘米／**工具&材料：**铅笔、Winsor Newton水彩、Clairefontaine速写本（30×21厘米）

玛德莲教堂位于说教者广场上〔广场名字源于多米尼加修道院原址。1691年—1703年，建筑师劳伦特·瓦伦（Laurent Vallon）将其改建成玛德莲教堂〕，在很长一段时间被称为普罗旺斯最美丽的宗教建筑。水彩的运用使画面超出了预期的效果。

作品：加尔达讷城／**地点：**法国加尔达讷／**创作时长：**3小时／**规格：**12.5×41厘米／**工具&材料：**Sennelier墨水、钢笔（黑色、红色墨水）、Moleskine水彩速写本（21×13厘米）

加尔达讷城位于普罗旺斯和马赛之间，1860年这里修建了铁路。随后，煤矿被开采，意大利、亚美尼亚、波兰、捷克、西班牙和非洲的工人大量涌向这里。法国最后被保留下来的煤矿于2003年关闭。画面左侧是塞尚描绘过的唯一的小村庄。

作品： 四海豚广场 / **地点：** 法国艾克斯 / **创作时长：** 3小时 / **规格：** 21×30厘米 / **工具&材料：** HB铅笔、Winsor Newton水彩、Clairefontaine水彩速写本（30×21厘米）

四海豚喷泉位于马萨林区的四海豚广场中心，临近米拉波林荫大道。这幅作品完成5天之后，画面右侧的树木便在一次暴风雨中倒掉了。在这幅作品中，观者可以看到普罗旺斯强烈的太阳光线。

TIPS

"光影非常重要，要避免在阴影处均匀涂抹颜色。将暖色和冷色结合，这样就可以营造出有冷暖变化的阴影区。"

——费弗尔·乔治斯

作品： 菲沃火车站 / **地点：** 法国菲沃 / **创作时长：** 3小时 / **规格：** 21×30厘米 / **工具&材料：** Hero M86钢笔、Noodlers黑色墨水、Winsor Newton水彩、Clairefontaine速写本（30×21厘米）

在塞尚的国家，许多爱好者将昔日的火车带到现代生活当中，和对此感兴趣的人分享。他们管理着普罗旺斯运输博物馆，会定期组织参观活动。菲沃位于加尔达讷附近，曾是普罗旺斯矿区的中心。

TIPS

"确立一个现实的视角非常重要，然后可以有创意地运用水彩。开始时要有耐心和创造性，稍后就会获得更好的回报。不要画满整面，不要讲完整个故事……"

——费弗尔·乔治斯

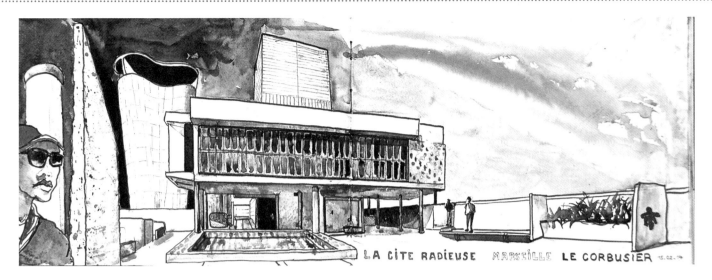

作品：现代公寓／**地点：**法国马赛／**创作时长：**4小时／**规格：**22×60厘米／**工具&材料：**Lamy EF钢笔、Platinum炭黑防水墨水、留白胶、Winsor Newton水彩、Vang速写本（30×21厘米，230克/平方米）

勒·柯布西耶（1887年—1965年）于1947年—1952年设计了现代公寓。他将平屋顶设计成公共露台，安装通风系统并设有跑道、儿童游泳池等。住户在屋顶上可以看到地中海和马赛的风光，这一空间是对公众开放的。此外，公寓内还设有儿童艺术学校。

TIPS

"在画面中增添人物形象可以加强纵深感。绘画时需要在纸上使用足够的清水，这样把速写本倾斜的时候可以看到流动的感觉。Hero钢笔非常好用，它可以改变线条的宽度。"

——费弗尔·乔治斯

作品：达律斯·米约音乐学院／**地点：**法国艾克斯／**创作时长：**4小时／**规格：**22×60厘米／**工具&材料：**Lamy EF钢笔、Platinum炭黑防水墨水、Stylo Pilot平行笔（6.0毫米、3.8毫米笔芯）、Winsor Newton水彩、Vang速写本（30×21厘米，230克/平方米）

这所新建的音乐学院位于艾克斯，由隈研吾设计。匀称的单体结构上的木头和金属材质的角状造型让人不禁想到日本的折纸艺术。建筑面积达7000平方米，用于音乐、舞蹈和戏剧课程教学。在这幅作品中，手绘者希望能够呈现光线和对比效果。

TIPS

"在使用水彩渲染之前，运用防水墨水非常有必要，这样可以避免颜色溢出。Pilot平行笔很好用，但不防水，所以只能在创作接近尾声的时候使用。"

——费弗尔·乔治斯

IN THE WORK OF URBAN SKETCHER, THE DEEP KNOWLEDGE OF THE PLACE IS A FACTOR OF CONSIDERABLE IMPORTANCE.

城市手绘者必须深入了解要描绘的地方。

艺术家：科拉多·帕里尼（Corrado Parrini）

科拉多·帕里尼于1966年出生在意大利奥斯塔，曾在米兰漫画学校学习平面和插画设计。毕业之后，他便开始和意大利最大的出版公司合作，设计了数百本图书封面。1998年，他搬到巴黎，一边学习法国视觉传达设计的方法，一边不断丰富自己的专业技能。他在创作中不断尝试不同的技法，从而更好地提升了作品的价值。

您在手绘时通常使用哪些工具和材料？

我倾向于选择简单的材料和工具，以便于使用。出于实际操作的原因，我不会选用大瓶颜料、大刷子、稀释水盒等。我主要使用笔盒、永久性马克笔、带有储水盒的画笔等。

您眼中的城市是什么样子的？

里斯本是一座风景如画的城市，时尚而多彩的房子和这里的居民构成了这座城市的主要特色。一些破旧的建筑、轰鸣的电车更加完善了这里的景象。观景平台是葡萄牙社区生活的典型场所，为手绘者提供了完美的创作主题。

摄影：科拉多·帕里尼

作品: 交叉路口风光 / **地点:** 葡萄牙里斯本 / **创作时长:**
2小时 / **规格:** 28×36厘米 / **工具&材料:** 钢笔、速写纸 /
软件: Photoshop

从著名的缆车站起点走到圣凯瑟琳宫就可以看到这个小
十字路口,这里呈现了里斯本迷人的特色。视线穿过彩
色的房屋立面,可以远眺这些交叉在一起的狭长小巷。
更值得注意的是恰好坐落在交叉口上的这座小餐厅。

TIPS

"城市手绘者必须深入了解要描绘的地方。不同的时间段和光线条
件会彻底影响描绘的景象。在这幅作品中,我等了几个小时,因为
直射的太阳光线能更好地体现主题特色。"

——科拉多·帕里尼

作品: 圣塔路西亚观景台 / **地点:** 葡萄牙里斯本 / **创作时长:** 3小时 / **规格:**
29×42厘米 / **工具&材料:** 钢笔、速写纸 / **软件:** Photoshop

圣塔路西亚观景台非常值得描绘。通过不同的视角可以看到里斯本不同的历
史区域,如阿尔法玛区和圣文森特岛。

TIPS

"我发现自己在旅行时创作会享受到真正的乐
趣,所以我会尽量将自己调整到最舒适的状态,
无论是迷人的风光还是这座观景台都能满足我的
要求。如果工作变成一种乐趣,那么结果一定是
美好的。"

——科拉多·帕里尼

作品： 巴塞罗那海滩 / **地点：** 西班牙巴塞罗那 / **创作时长：** 3小时 / **规格：** 21×59厘米 / **工具&材料：** 钢笔、速写纸 / **软件：** Photoshop

巴塞罗那海滩是人工建造的，所以缺乏自然和野性的魅力。海岸线长5千米，有很多餐馆和售货亭提供餐饮服务，在这里也会举办现场音乐会和聚会。这里已成为城市生活的主要场所。沿着Mare Nostrum大道散步感觉非常宜人，也能给人带来无限创意。

TIPS

"我们不必将所有场景都描绘出来，过多的细节会加大工作量，同时让观者感到混乱。必要的特征和不太精细的元素有时会增添画面的纵深感和活力。"

——科拉多·帕里尼

作品： Barrio大街 / **地点：** 葡萄牙里斯本 / **创作时长：** 1.5小时 / **规格：** 21×50厘米 / **工具&材料：** 钢笔、速写纸、水彩

通常，从一个旅游景点到另一个旅游景点的途中会发现最好的创作主题。带有小花园的低矮彩色房屋、大街转角处安静的林荫小路让手绘者彻底忘记了自己最初的目的地。

TIPS

"在这样完美的条件下，我可以尽情享受水彩带来的乐趣。额外添加一些清水，墨水痕迹都淡化了，同时让画面整体轮廓更加柔和。"

——科拉多·帕里尼

作品： 从港口看到的巴塞罗那 / **地点：** 西班牙巴塞罗那 / **创作时长：** 1.5小时 / **规格：** 21×59厘米 / **工具&材料：** 钢笔、速写纸、水

巴塞罗那老港口在这座城市中占据着重要的地位和大面积的区域。在这里，现代建筑和旧建筑结合在一起，见证了西班牙辉煌的航海历史。手绘者在水族馆附近一个舒适的长椅上描绘了码头的景象。

TIPS

"在创作这幅作品时，我选用了TRATTO钢笔，这是一款由意大利厂商FILA设计的毡头笔，可以用水稀释。我先画出整体轮廓，然后用画笔蘸清水将钢笔线晕染开，使其形成中间色调。"

——科拉多·帕里尼

作品： 圣佩德罗观景台 / **地点：** 葡萄牙里斯本 / **创作时长：** 3小时 / **规格：** 21×59
厘米 / **工具&材料：** 钢笔、速写纸 / **软件：** Photoshop

这一观景台带有一个大花园，站在上面可以观赏到城市的美景。你在一天之
中的任何时候坐在长椅上都能够获得灵感。尤其是在日落前一小时，强烈的
色彩对比让人感到震惊。

TIPS

"对于复杂的构图，先用较轻的笔触勾勒并确立重
要元素的位置，然后在前景中描绘细节。完成第一
层之后，尽量使用更轻的线条和较少的细节，这样
能够将画面的纵深感表现到极致。"

——科拉多·帕里尼

作品：l' Arsénal港口 / **地点**：法国巴黎 / **创作时长**：3小时 / **规格**：21×59厘米 /
工具&材料：钢笔、速写纸 / **软件**：Photoshop

从巴士底广场到l' Arsénal港口途中有一个非常惬意的地方，这里远离城市的
喧嚣，适合坐下来休憩。这里是游船的天堂，很多船只在这里长时间停留。

TIPS

"这幅作品和上一幅作品使用同样的钢笔绘制，
随后扫描到计算机中用Photoshop软件上色。我
快速完成这幅作品，旨在突出轮廓线的色彩和
光的不稳定性。"

——科拉多·帕里尼

作品: 塞纳河畔 / **地点:** 法国巴黎 / **创作时长:** 3小时 / **规格:** 21×59厘米 / **工具&材料:** 钢笔、速写纸 / **软件:** Photoshop

塞纳河两岸一直是艺术家们获得灵感的源泉。夏季,河岸提供了一个完美的场所,在这里可以看到无尽的美景。更为有趣的是,驳船依然是水上运输的主要工具。

TIPS

"在这幅作品中,我选择了一处不同寻常的景点——位于第13区托比亚克桥附近的一处河流。"

——科拉多·帕里尼

作品： 巴士底广场 / **地点：** 法国巴黎 / **创作时长：** 50分钟 / **规格：** 21×59厘米 / **工具&材料：** 钢笔、速写纸

巴士底广场位于巴黎休闲区的中央，是巴黎的交通枢纽和社会文化中心，是观察巴黎城市生活的首选地点。

TIPS

"我坐在巴士底剧院和布尔东林荫大道之间的开阔露台的一个长椅上创作了这幅作品。"

——科拉多・帕里尼

TIPS

"太阳落山的速度很快，所以在创作过程中没有太多用于思考的时间。如果想要描绘热门的旅游景点，一定要多去几次，找到最合适的角度，并确保来往的游人不会遮挡你的视线。"

——科拉多・帕里尼

作品： 圣塔露西亚观景台 / **地点：** 葡萄牙里斯本 / **创作时长：** 3小时 / **规格：** 29×42厘米 / **工具&材料：** 钢笔、速写纸 / **软件：** Photoshop

这幅作品描绘了从圣塔露西亚观景台望向特茹河的场景——夕阳迅速西下，余晖渐渐地洒在房子的屋顶上并留下影子，营造出了有趣的对比。

DRAWING IS A RELAXING THERAPY, IT CLEARS MY MIND AND MAKES ME HAPPY.

画画是一种放松的疗法，能净化心灵，愉悦心情。

艺术家：索菲亚·佩雷拉（Sofia Pereira）

邮箱：pereira.asofia@gmail.com
网址：www.behance.net/asofiap

索菲亚·佩雷拉是一名来自葡萄牙的设计师和插画师，非常热爱手绘和画画。她曾就读于里斯本大学美术学院，并取得视觉传达设计学位。如今，她是一名自由职业者，喜欢用速写本诠释某一时刻，并从日常生活中获得灵感。她希望能一直去新的地方旅行，不断学习新事物，并用自己的方式诠释看到的世界。

您在手绘时通常使用哪些工具和材料？

我通常从日常生活中获得灵感，所以会随时创作。我会随身携带铅笔、一盒水彩和一个速写本。创作时，我先用铅笔或者钢笔勾勒出整体轮廓，然后用水彩或墨水上色。用自己的方式获得快乐是最重要的。

您眼中的城市是什么样子的？

画画是一种放松的疗法，能净化心灵，愉悦心情。我喜欢描绘葡萄牙南部的自然景观和海滩，感觉非常宜人。但是，如果让我选择一个地方来描绘，也许我会首选波兰，那里整洁而多彩的广场让我深深着迷。

摄影：索菲亚·佩雷拉

作品：布拉格 / **地点：**捷克布拉格 / **创作时长：**30分钟 / **规格：**20×25厘米 / **工具&材料：**水彩、钢笔

这座城市最吸引我的就是丰富的色彩、精致的细节和完美的建筑。所有的一切都值得一看，更值得一画。

TIPS

"如果某个事物在一个场景中非常突出，那么你就可以在画面中将其着重表现出来。"

——索菲亚·佩雷拉

作品： 华沙 / **地点：** 波兰华沙 / **创作时长：** 1小时 / **规格：** 21×29.7厘米 / **工具&材料：** 水彩、墨水

老市场是华沙的一个丰富多彩、充满生活气息的广场，这里的每一栋建筑都有自己的颜色，就像是拼在一起的乐高积木。这个地方真的与众不同。

TIPS

"画画就是寻找快乐，不需要太写实，不一定要有意义。可以打破常规，按照自己的方式创作。"

——索菲亚·佩雷拉

作品：圣巴西尔大教堂 / **地点：**俄罗斯莫斯科 / **创作时长：**50分钟 / **规格：**14.8×21厘米 / **工具&材料：**水彩、钢笔

毫无疑问，这是欧洲最令人敬畏的建筑之一，其色彩和形状都令人惊奇，似乎来自童话故事。在俄罗斯旅行，你会看到很多类似的洋葱顶，但这座教堂的色彩非常独特，而且活力十足，点亮了整个红场。我情不自禁地在经过的时候将其描绘下来。

TIPS

"在手绘过程中，不用担心犯错，这是创作过程的一部分，也会让作品更加与众不同。"

——索菲亚·佩雷拉

作品：蓝色清真寺 / **地点：**土耳其伊斯坦布尔 / **创作时长：**30分钟 / **规格：**14.8×21厘米 / **工具&材料：**水彩、墨水

即使这座城市的一部分在欧洲范围内，但只看这些建筑，我们就可以真切地感受到文化的差异。蓝色清真寺位于著名的圣索菲亚大教堂前面，魅力十足，体现了真正的土耳其特色。尽管土耳其与欧洲大陆有着很明显的文化差异，但我还是比较适应的，觉得它在很多地方和葡萄牙非常相似。

TIPS

"变形和透视可以突破速写本的限制，是非常有用的创作技法。"

——索菲亚·佩雷拉

作品：伦敦 / **地点：**英国伦敦 / **创作时长：**20分钟 / **规格：**10.5×14.4厘米 / **工具&材料：**水彩、钢笔

皮卡迪利广场灯光闪烁，人流密集。即使在很冷的天气中，这里也非常适合夜晚游玩，可以使人感受周围的生活气息。单色的建筑和连续的红色形成独特的对比，即使是一辆公共汽车或是一个电话亭都在城市中显得非常突出。

TIPS

"用钢笔画出大体轮廓是一个有效且快速的方式，花费少量的时间就能捕捉到某一个时刻。我通常都是这样做的，然后也可以在此基础上添加更多的内容。"

——索菲亚·佩雷拉

作品：Rabelo船 / **地点：**葡萄牙波尔图 / **创作时长：**40分钟 / **规格：**10.5×14.4厘米 / **工具&材料：**水彩、墨水、钢笔

这幅作品是在杜罗河南岸创作的。在这里可看到标志性的"Rabelo船"，几个世纪以来一直在杜罗河沿岸运送行人和葡萄酒。画面背景中的金属拱桥（路易斯大桥）将波尔图和加亚新城连通。

TIPS

"关于透视技法，可以用更深、更丰富的笔触描绘近处的景物。多个层次可以增添画面的纵深感。"

——索菲亚·佩雷拉

作品： 奥古斯塔大街 / **地点：** 葡萄牙里斯本 / **创作时长：** 30分钟 / **规格：** 14.8×21厘米 / **工具&材料：** 水彩

奥古斯塔大街位于里斯本市中心区。这幅画描绘了从拱门顶部俯瞰得到的城市街景。街道表面铺设着典型的葡萄牙图案的马赛克，从上面望过去，呈现出织锦的效果。

TIPS

"视角很重要，尝试在开始手绘之前找到最佳的视角。"

——索菲亚·佩雷拉

作品： 午睡时光 / **地点：** 西班牙阿亚蒙特 / **创作时长：** 20分钟 / **规格：** 10.5×14.4厘米 / **工具&材料：** 水彩、钢笔

这幅作品是我在一个阳光明媚的午间创作的。小镇位于西班牙西南部，我经常光顾。由于时差，我通常会晚一个小时到达。这里的人都在午睡，大街上一片宁静，非常适合创作。

TIPS

"我在绘画时喜欢随意地将不同的材料混合在一起，不同的纹理和色彩往往会带来意想不到的效果。"

——索菲亚·佩雷拉

EVEN IF YOU ARE IN A VERY FAMOUS PLACE, DRAW IT SINCERELY, WITH YOUR HEART AND YOUR EYES.

即使描绘一个非常著名的地方，也要用心地观察，真实地将其呈现出来。

艺术家：伊弗斯·达明（Yves Damin）

伊弗斯·达明于1973年出生在一个艺术世家——他的爸爸也是一名画家。他在年轻的时候一直跟着家人在法国和其他国家画画，然后学习了平面和插画设计。如今，他在巴黎从事平面设计工作，并一直坚持画画。

您在手绘时通常使用哪些工具和材料？

我会随身携带一个小袋子，里面装有一套不同型号的钢笔、铅笔、小画笔、一小盒水彩和三种不同规格的速写本。有了这些工具，我可以随时随地创作。

您眼中的城市是什么样子的？

我居住在巴黎西部郊区一个名为"曼森拉菲"的小镇。这是一个皇族小镇，邻近凡尔赛。这里的建筑以学院派风格为主，并带有皇室风格的装饰。另外，这里的房屋多采用白色石材或红色（橘色）砖材打造。这里还有很多具有艺术装饰风格的别墅，非常漂亮！

摄影：伟帅

作品：皮卡迪利广场 / **地点：**英国伦敦 / **创作时长：**2小时 / **规格：**21×29.7厘米 / **工具&材料：**黑色墨水、水彩、速写纸

伦敦是一座热闹的城市，皮卡迪利广场是绝对的市中心，这里有很多公共汽车和出租车经过。摄政街是一条美丽的大街，两旁有很多美丽的建筑。站在平直的街道上描绘这里的景色有一点困难，但这对手绘者来说也充满挑战。

TIPS

"即使描绘一个非常著名的地方，也要用心地观察，真实地将其呈现出来。必须拥有自己的观点，不要落入俗套。"

——伊弗斯·达明

Décembre 2013   Yves Damin.

作品：叙利别墅 / **地点：**法国曼森拉菲 / **创作时长：**1.5小时 / **规格：**21×29.7厘米 / **工具&材料：**黑色墨水、水彩、速写纸

这栋别墅曾经的主人是一位著名的赛马教练。别墅以新艺术风格为主，四周绿树环绕。建筑结构有些古怪，规模较大，有多个楼层，装饰复杂，散发着神秘的气息。

TIPS

"有时，阴天也许是一件好事，同样的风景会呈现出与在湛蓝天空下完全不同的效果，灰暗的天空更能为画面增添别样的气息。"

——伊弗斯·达明

作品：巴黎屋顶 / **地点：**法国巴黎 / **创作时长：**2小时 / **规格：**21×29.7厘米 / **工具&材料：**黑色墨水、水彩、速写纸

巴黎是一座大城市，有着很多漂亮的房子。爬到屋顶欣赏城市风光是一件非常有趣的事情。石板、锌板、砖块和混凝土建筑混合在一起，共同打造了一个迷人的城市迷宫。

TIPS

"不要被大量的细节所迷惑，要从整体开始。"

——伊弗斯·达明

Yves Damin.

Ecuries Albric
Maisons Laffitte, novembre 2013

Yves Damin.

作品： 马厩 / **地点：** 法国梅森拉菲 / **创作时长：** 1.5小时 / **规格：** 29.7×42厘米 /
工具&材料： 黑色墨水、水彩、速写纸

在手绘者家附近有很多马厩，画面中描绘的这一个就非常棒：一个大庭院中
有漂亮的木屋和美丽的小树。这里平和而宁静，马儿快乐地生活着。

TIPS

"有时，你会和朋友一起出行。这幅作品就是在这
样的情况下创作的——天气很冷，但能够和好朋友
一起在寒风中停留一小时创作也是非常惬意的！"

——伊弗斯·达明

作品： 亚德里亚海上航行 / **地点：** 克罗地亚赫瓦尔 / **创作时长：** 1.5小时 / **规格：**
29.7×21厘米 / **工具&材料：** 黑色墨水、水彩、速写纸

暑假中，手绘者和他的妻子在克罗地亚岛上度假。阳光明媚的天气，他们乘
坐大船在海上航行。这幅作品就是对这次美好旅行的纪念。

TIPS

"即使时间有限，也要毫不犹豫地拿出手绘本
创作。不要等到有足够完美的风景时再动笔，要
将生活看成训练场，要不断尝试。旅行是很好的
经历。"

——伊弗斯·达明

Yves Damin.

Yves Damin.

作品：中央市场 / **地点：**法国巴黎 / **创作时长：**2小时 / **规格：**21×29.7厘米 / **工具&材料：**黑色墨水、水彩、速写纸

手绘者在蓬皮杜中心（法国最好的现代艺术博物馆之一）的屋顶上创作了这幅作品。从这里可以看到迷人的巴黎风光，下面的行人看起来很渺小。

TIPS

"首先要构建画面的整体透视关系，然后着重描绘主体元素。人物形象的添加有助于确定画面的比例。"

——伊弗斯·达明

作品：汉普斯特西斯公园 / **地点：**英国伦敦 / **创作时长：**2小时 / **规格：**21×29.7厘米 / **工具&材料：**黑色墨水、水彩、速写纸

汉普斯特是一个小村庄，手绘者非常喜欢这里树木林立的街道、美丽的店铺和餐馆。这里很适合描绘人们购物的场景。

TIPS

"我在购物之后创作了这幅作品。当时我坐下来喝一杯茶，随后便开始工作。有时，手绘者也许只想画一幅小的速写，即便这样也要找到恰当的场景。"

——伊弗斯·达明

作品：赛马城堡 / **地点：**法国梅森拉菲 / **创作时长：**3小时 / **规格：**40×60厘米 / **工具&材料：**黑色墨水、水彩、速写纸

梅森拉菲因城堡和赛马而著称。手绘者将这两个场景描绘在一起，呈现出法国特色。

TIPS

"尝试在构图中添加有生命的元素。在这幅作品中，马儿带来了活力和动感，从而使整幅画面变得活泼起来。"

——伊弗斯·达明

作品：赫瓦尔小巷 / **地点：**克罗地亚赫瓦尔 / **创作时长：**1.5小时 / **规格：**29.7×21厘米 / **工具&材料：**黑色墨水、水彩、速写纸

赫瓦尔小村庄根据赫瓦尔岛命名，因富豪、著名的俱乐部及酒吧而著称。赫瓦尔是一个美丽的存在，小巷内有成排的石头房子，游客来到这里时，很容易迷路。

TIPS

"单一的视角会让创作更加容易，使手绘者能够将注意力集中在所要描绘的事物上。"

——伊弗斯·达明

作品：迷人别墅 / **地点：**法国梅森拉菲 / **创作时长：**1小时 / **规格：**21×29.7厘米 / **工具&材料：**黑色墨水、水彩、速写纸

手绘者的家附近有很多迷人的别墅，画面中描绘的便是其中之一。这栋别墅有着典型的阿尔卑斯风格的屋顶和窗户，这在法国非常罕见。

作品：南华克桥 / **地点：**英国伦敦 / **创作时长：**1.5小时 / **规格：**21×29.7厘米 / **工具&材料：**黑色墨水、水彩、速写纸

手绘者在伦敦中心区的海滨创作了这幅作品。当时正值圣诞节，天气非常寒冷，但他非常想要将这里的场景记录在速写本上。

图书在版编目（CIP）数据

画笔下的城市 ： 全球26位艺术家的城市手绘 / 度本
图书编著. -- 北京 ： 人民邮电出版社，2017.1
ISBN 978-7-115-44137-9

Ⅰ．①画… Ⅱ．①度… Ⅲ．①建筑画－作品集－中国
－现代 Ⅳ．①TU204.131

中国版本图书馆CIP数据核字(2016)第295922号

内 容 提 要

在艺术家的眼里，每个城市都有独特的本土文化和艺术风格。本书收集了26位艺术家的城市手绘作品，包括从铅笔草图、钢笔线稿到水彩画等多种类型。本书介绍了艺术家的创作方法和创作过程，也有艺术家对城市、对手绘的感悟。通过不同城市的手绘作品，读者不仅可以体验到不同的文化，还能感受到这些艺术家创作时的情景，获悉艺术家的绘画手法，这对读者自己的创作也会有所助益。

本书适合爱旅游、爱绘画的人士阅读。

◆ 编　　著　度本图书（Dopress Books）
　　责任编辑　赵　迟
　　责任印制　陈　犇

◆ 人民邮电出版社出版发行　　北京市丰台区成寿寺路 11 号
　　邮编　100164　电子邮件　315@ptpress.com.cn
　　网址　http://www.ptpress.com.cn
　　北京顺诚彩色印刷有限公司印刷

◆ 开本：880×1230　1/16
　　印张：11.25
　　字数：395 千字　　　　　　　2017 年 1 月第 1 版
　　印数：1 - 2 500 册　　　　　2017 年 1 月北京第 1 次印刷

定价：79.00 元
读者服务热线：(010)81055410　印装质量热线：(010)81055316
反盗版热线：(010)81055315